Vom gebrauchten Haus zum Traumhaus

Ausbauen, umbauen, anbauen

1. Auflage, Januar 2016, 5.000 Exemplare

ISBN 978-3-86336-062-7

Printed in Germany, gedruckt auf 100 % Recyclingpapier

Einführung

Nur selten findet man ein gebrauchtes Haus oder besitzt bereits ein gebrauchtes Haus, das exakt den eigenen Wünschen entspricht. Meist steht man vor der Herausforderung eines kleineren oder auch größeren Umbaus. Ein Umbau ist nicht weniger komplex als ein Neubau – im Gegenteil: Ein Umbau ist oft die größere Herausforderung. Ganz einfach, weil man nicht auf der grünen Wiese planen kann, sondern zahlreiche Bestandsgegebenheiten beachten muss. Auch die Bauzeit ist nicht kürzer, wenn es sich um größere Maßnahmen handelt. Und die Behörden verlangen umfangreiche Unterlagen, wenn das Gebäude so verändert wird, dass eine Baugenehmigung erforderlich ist. Vor allem können auch die Kosten gerade bei Umbauten förmlich explodieren, wenn man nicht eine sehr sorgfältige Bestandsaufnahme und Umbauplanung vornimmt. Dabei unterstützt Sie dieser Ratgeber. Der Aufbau entspricht dem Vorgehen, das Sie bei einem Umbau anwenden sollten:

- Klärung des Umbaubedarfs,
- Klärung des Beratungsbedarfs und gegebenenfalls Einschaltung von Fachleuten,
- Klärung der voraussichtlichen Kosten und des Finanzierungsbedarfs sowie potenzieller Förderprogramme,
- Baueingabe und Ausschreibung,
- Handwerkerbeauftragung und Umbaudurchführung,
- Abnahme, Abrechnung und Gewährleistungssicherung.

Ein solches wohl überlegtes und strukturiertes Vorgehen hilft Ihnen, möglichst früh einen ersten Kostenüberblick zu erhalten, und es befähigt Sie, sozusagen an bewussten „Sollbruchstellen“ jeweils aus dem Vorhaben aussteigen zu können, falls die Kosten doch zu hoch erscheinen. Außerdem unterstützt Sie ein solches Vorgehen die ganze Zeit dabei, die Kosten transparent zu halten.

Selbst wenn Sie Geld in eine Planung investiert haben, die sich letztlich doch nicht realisieren lässt, kann das gut investiertes Geld sein, weil Sie die dadurch mögliche genauere Projekteinsicht vor eventuell weitreichenden Fehlern schützt.

Soweit Sie Eigenleistungen einbringen wollen, um Geld zu sparen, ist es wichtig, dass Sie Ihre handwerklichen, technischen und rechtlichen Fähigkeiten nicht überschätzen. Auch hierzu erhalten Sie in diesem Ratgeber Hinweise.

Möglicherweise möchten Sie sich im Zuge eines Umbaus spezielle Wünsche erfüllen oder Sie haben besondere Bedürfnisse, wie zum Beispiel Barrierereduktion oder gar Barrierefreiheit. Solche Maßnahmen sollten jeweils individuell und im Detail mit dem Planer besprochen werden. Für bestimmte energetische Vorstellungen gilt das Gleiche. Zu diesen Themen finden Sie in diesem Buch jeweils ausführliche Erläuterungen. Der Schwerpunkt liegt jedoch auf den klassischen Umbaumaßnahmen, die einzeln oder in ihrer Gesamtheit bei praktisch allen Umbauten anfallen.

Wir hoffen, dass Ihnen der Ratgeber hilft, den Weg vom gebrauchten Haus zum Traumhaus sicher zu gehen, und wünschen Ihnen viel Erfolg!

Inhalt

Umbaubedarf und Fachberatung

Die Hintergründe, warum ein Haus umgebaut werden soll, sind sehr unterschiedlich – ebenso wie der notwendige Umfang eines Umbaus. Immer aber sollten Umbauten mit einer möglichst genauen Bedarfsermittlung und guter Fachberatung beginnen.

Jeder Umbau beginnt mit der Ermittlung des Umbaubedarfs. Ein Umbaubedarf kann entweder das Resultat maroder Bausubstanz sein oder aber er resultiert aus veränderten Wohnbedürfnissen oder auch aus beidem. Wenn nur die marode Bausubstanz Ursache für einen Umbau ist, handelt es sich üblicherweise eher um eine Sanierung. Ein Umbau hingegen verbessert ein Gebäude nicht nur qualitativ, sondern verändert es auch strukturell, zum Beispiel in seinen Grundrissen und Nutzungsmöglichkeiten.

Da Umbauten teuer sind, ist es sinnvoll, einen Umbau effizient zu planen. Das beginnt mit der möglichst genauen Ermittlung des Umbaubedarfs, die Grundlage der Umbauplanung ist. Man kann bereits die Ermittlung des Umbaubedarfs mit einem Fachmann, meist einem Architekten, durchführen. Das ist aber nicht zwingend, man kann sehr gut auch allein den Nutzungsbedarf herausfinden und festlegen. In vielen Fällen liegt der Umbaubedarf von Bestandshäusern in folgenden Punkten:

- Badsanierung,
- Küchensanierung/Vergrößerung der Küche,
- Vergrößerung oder Zusammenlegung von Zimmern,
- Dachausbau,
- Kellerausbau,
- Anbau,
- Schaffung von Terrassen, Balkonen und Wintergärten samt Zugängen.

Dazu kommen dann häufig noch typische energetische Modernisierungsmaßnahmen:

- neue Fenster,
- neue Dämmung,
- neue Heizung samt neuer Warmwasserinstallation.

Vieles Wissenswerte zu energetischen Modernisierungsmaßnahmen finden Sie in dem Ratgeber: „Gebäude modernisieren – Energie sparen“ der Verbraucherzentrale (siehe Seite 189).

Für die Planung Ihres Umbaubedarfs sollten Sie im ersten Schritt ganz grob Ihre Wünsche feststellen. Ein Beispiel soll Ihnen das verdeutlichen.

Beispiel Umbauplanung

Familie Müller hat ein freistehendes Haus aus den 1960er-Jahren gekauft. Das Haus hat einen einfachen, gemauerten Keller, ein klassisches Erdgeschoss mit Diele, Gäste-WC, Küche, Wohn- und Esszimmer. Im Obergeschoss befinden sich drei Schlafräume und ein Bad. Darüber ein Dachboden, der über eine ausklappbare Dachbodentreppe erreichbar ist. Da das Haus eine gute Lage und einen noch erschwinglichen Preis hatte, schlug Familie Müller zu. Jetzt stellt sich allerdings die Frage, wie das Haus besser auf die Bedürfnisse der Familie zugeschnitten werden kann. Familie Müller ist die Küche deutlich zu klein. Sie soll zum Essbereich hin geöffnet werden und zukünftig als Wohnküche fungieren. Das Gäste-WC soll vollständig erneuert werden und zusätzlich eine Dusche erhalten. Die drei Schlafräume im Obergeschoss sind nur sehr klein. Familie Müller überlegt daher, das Elternschlafzimmer ins Dachgeschoss zu verlegen und im Obergeschoss, statt der drei kleinen Zimmer, zwei große Kinderzimmer mit Kinderbad zu planen. Ins Dachgeschoss soll ein eigenes Elternbad, ein Ankleideraum und das Schlafzimmer.

Der Keller soll bleiben, wie er ist, und auch weiterhin als Abstell- und Lagerort dienen sowie als Installationsort für die Heizung.

Heizung, Dämmung und Fenster machen Familie Müller ebenfalls Sorgen, aber wie und ob sie das alles noch in ihr Budget bekommt, ist momentan offen. Daher überlegt Familie Müller, zunächst nur die gesetzlich vorgeschriebenen energetischen Nachrüstungen vorzunehmen und die grundlegenden Hausumbauten vorzuziehen. Denn während die Sanierung der Fassade und der Fenster nötigenfalls noch später erfolgen können, ist der grundlegende Hausumbau praktisch nicht möglich, wenn man bereits im Gebäude wohnt. Familie Müller überlegt hinsichtlich der energetischen Modernisierung daher einen Kompromiss: Sie will neue Heiz- und Warmwasserleitungen sowie neue Heizkörper im Zuge des Innenumbaus bereits installieren, denn deren nachträgliche Montage wäre allzu aufwendig.

Mit diesen Überlegungen hat Familie Müller ihren Umbaubedarf bereits exakt umrissen. So steht für sie bereits fest, dass der Keller unangetastet bleibt, aber das Dach ausgebaut wird. Ferner ist klar, dass die beiden vorhandenen Bäder umgebaut werden und ein drittes, neues Bad im Dachgeschoss hinzukommt. Außerdem ist klar, dass die Küche im Erdgeschoss zum Wohnbereich geöffnet wird und im Obergeschoss die drei Zimmer zu zwei Zimmern umgebaut werden. Das ist schon ein gutes und sehr konkretes Ergebnis von Umbauüberlegungen, auf denen ein Planer gut aufbauen kann.

Ob das alles verwirklicht werden kann, entscheidet sich letztlich über die Kosten. Und die sind gerade bei Umbauten gar nicht so einfach abzuschätzen. Zwar gibt es sogar eine DIN-Norm zur Ermittlung von Baukosten (DIN 276), aber diese ist ausschließlich an Neubauten orientiert. Umbauten hingegen bergen viele Überraschungen und Kostenrisiken.

Die Wunschvorstellungen zum Umbau sollten Sie möglichst früh einer möglichst genauen Kostenbetrachtung unterwerfen. Dafür benötigt man aber eine Planung der eigenen Überlegungen. Eine Umbauplanung wie im

Beispiel kann man zwar auch selbst erstellen und den Umbau dann auch selbst umsetzen. Spätestens aber, wenn neue Fenster in die Fassaden gebrochen oder neue Gauben ins Dach gesetzt werden sollen, muss üblicherweise ein Bauantrag beim zuständigen Baurechtsamt gestellt werden. Dazu benötigen Sie eine sogenannte bauvorlageberechtigte Person, die den Bauantrag erstellt und als Entwurfsverfasser unterzeichnet. Das sind meist Architekten, in einigen Bundesländern auch bauvorlageberechtigte Ingenieure.

Wenn man keine Erfahrung mit Umbauten von Bestandsgebäuden hat, aber umfangreiche Maßnahmen plant, ist die Einschaltung eines Fachmanns ohnehin sinnvoll. Ein Fachmann, der richtig vorgeht, kann Ihnen viel Geld und Ärger ersparen. Dazu müssen Sie allerdings den richtigen Fachmann finden – und das ist gar nicht so einfach.

Der Architekt

Haben Sie also umfangreiche Umbauten vor, sollten Sie sich früh einen Architekten suchen, mit dem Sie Schritt für Schritt durch das Vorhaben gehen. Wie aber finden Sie einen Architekten?

Der einfachste Weg wäre dieser: Sie haben möglicherweise einen Umbau gesehen, der Ihnen gefallen hat, und fragen nach dem Architekten, der den Umbau betreut hat. Hat sich keine solche Gelegenheit ergeben, kann man sich aber auch anders behelfen. Da der Architekt, den Sie beauftragen, ohnehin nicht allzu weit von Ihrer Baustelle entfernt arbeiten sollte, kommen eigentlich nur Büros in einem Umkreis von maximal 30 bis 40 Kilometern rund um Ihr Haus infrage. Sie können ganz einfach in den Gelben Seiten Ihrer Kommune oder Ihres Landkreises unter „Architekten" oder „Architekturbüros" nachsehen. Sie werden erstaunt sein, wie viele Architekturbüros es gibt.

Wie finden Sie unter diesen vielen Büros jetzt aber das für Sie passende? Denn zum einen muss der Architekt **menschlich** zu Ihnen passen, da Sie mit ihm über viele Monate sehr eng zusammenarbeiten werden, zum anderen benötigt er die **fachliche Erfahrung** im Umbau von Einfamilienhäusern. Ein Architekt ohne Umbauerfahrung nützt Ihnen eher wenig, da ein Umbau doch etwas anderes ist als ein Neubau, vor allem hinsichtlich Hausuntersuchung, Planung, Kostenanalyse, Ausschreibung und Bauüberwachung. Aus diesem Grund ist es sinnvoll, dass Sie zehn bis zwanzig Büros aus den Gelben Seiten auswählen, dort kurz anrufen und fragen, ob der Umbau von Einfamilienhäusern auch zum Leistungsspektrum gehört. An die infrage kommenden Büros können Sie ein Standardschreiben senden, in dem Sie um Angabe von Referenzobjekten in der näheren Umgebung bitten, um sich diese ansehen und mit den Bauherren sprechen zu können. Danach können Sie nochmals Kontakt mit denjenigen Büros aufnehmen, deren Projekte Ihnen zusagten und schauen, ob auch der Architekt zu Ihnen passt. Ein solches Schreiben könnte etwa so aussehen (→ nächste Seite):

Familie Müller
Müllerstraße 1
12345 Müllerhausen

Architekt Meier
Meierstraße 1
12345 Müllerhausen

Müllerhausen, den

Anfrage zum Umbau eines Einfamilienhauses

Sehr geehrter Herr Meier,

wir, Familie Müller aus Müllerhausen, haben vor einigen Wochen ein gebrauchtes Einfamilienhaus aus den 60er-Jahren in Müllerhausen erworben. Wir möchten dieses Haus gern umfassend umbauen und auf einen modernen Wohnstandard bringen. Wir denken momentan unter anderem an Grundrissveränderungen, Küchen- und Bäderumbau sowie Dachgeschossausbau.

Haben Sie ähnliche Projekte in der näheren Umgebung bereits umgesetzt und könnten Sie uns Referenzadressen und Bauherren benennen, damit wir uns diese Objekte ansehen und mit den Bauherren sprechen können? Wir würden uns nach einer Besichtigung dann wieder bei Ihnen melden, um eventuell einen Termin zum Kennenlernen in Ihrem Büro zu vereinbaren.

Vielen Dank für Ihre Mühe.

Mit freundlichen Grüßen

Familie Müller

Es wird Architekten geben, die gut ausgelastet sind und denen ein solches Projekt zu klein und aufwendig ist, und es wird Architekten geben, die durchaus Interesse an einem solchen Auftrag haben. Entsprechend wird Ihnen nicht jedes Büro antworten, aber einige werden es tun. Und nur diejenigen, die antworten, sind für Sie interessant. Wichtig ist, dass Ihnen das Büro auch tatsächlich Referenzadressen benennt und Sie zunächst unabhängig mit den Bauherren sprechen. Der Vorteil ist, dass die Bauherren ohne Anwesenheit des Architekten unbefangener alle Probleme, die sie möglicherweise erlebt haben, ansprechen werden und Ihnen auch erste Tipps für Ihren Umbau geben können. Auch Sie können dann unbefangener nachfragen. Ein Architekt gibt natürlich nur die positiven Referenzen heraus, aber da Bauherren in der Regel nur einmal im Leben bauen oder umbauen, sind sie nach Ende ihres Projekts auf den Architekten nicht mehr angewiesen. Aus diesem Grund können sie frei heraus reden. Ist der Architekt beim Gespräch dabei, kann es hingegen sein, dass manches Problem nicht offen angesprochen wird, weil der Bauherr vielleicht aus Höflichkeit darauf verzichtet. Lassen Sie sich daher **Referenzen** geben und gehen Sie allein hin. Rufen Sie die Bauherren vorher an und stellen Sie sich vor. Üblicherweise zeigen Bauherren ganz gern das vollbrachte Werk, auf das sie meist stolz sind. Wenn Sie noch einen kleinen Kuchen oder eine Flasche Wein dabei haben, sollte ein solcher Termin kein Problem sein.

Wenn Ihnen der Umbau gefällt, können Sie im nächsten Schritt einen Termin bei dem betreffenden Architekten ausmachen. Es ist sinnvoll, das Treffen in seinem Büro zu vereinbaren, dann sehen Sie auch gleich sein Arbeitsumfeld und gewinnen einen ersten Eindruck. Wenn Sie einen positiven Eindruck gewonnen haben, können Sie den nächsten Schritt gehen. Das ist der Abschluss eines Architektenvertrags. Bevor Sie einen Architektenvertrag abschließen, müssen Sie vieles bedenken, um die rechtlichen und finanziellen Folgen günstig zu gestalten.

Viele Architekturbüros haben vorbereitete Verträge, auf deren Basis Sie arbeiten. Daher wird Ihnen der Architekt üblicherweise einen Vorschlag zur vertraglichen Zusammenarbeit unterbreiten. Wesentliche Grundlage der Tätigkeit eines Architekten ist die Honorarordnung für Architekten und Ingenieure (HOAI). Daher soll diese zunächst erläutert werden, bevor es danach um die konkrete Vertragsausgestaltung geht.

Die Honorarordnung für Architekten und Ingenieure (HOAI) und der Architektenvertrag

Auch wenn Sie einem Architekten nur um einige Grundlagenermittlungen und erste Skizzen bitten, heißt das nicht, dass Sie keinen Vertrag mit ihm haben. Denn neben schriftlichen Verträgen gibt es auch mündlich geschlossene Verträge. Beauftragen Sie einen Architekten mit einigen Leistungen, kann es sein, dass Ihnen kurz darauf eine Honorarrechnung ins Haus flattert, auch wenn Ihnen die Skizzen nicht gefallen haben und Sie längst mit einem anderen Architekten im Gespräch sind. Daher ist es besser, ein Vertragsverhältnis von vornherein klar und schriftlich zu gestalten. Dann wissen auch alle Beteiligten von Anfang an, was zu welchen Kosten beauftragt ist.

Architekten und Ingenieure arbeiten nach der sogenannten HOAI, der Honorarordnung für Architekten und Ingenieure. Diese unterteilt die Leistungen in verschiedene Leistungsphasen und Honorarzonen. Die Leistungsphasen gliedern die Arbeit des Architekten in die verschiedenen Phasen, die ein Bauvorhaben von der Planung bis zur Fertigstellung durchläuft. Je nachdem, welche Phasen ein Architekt betreut, erhält er dafür einen Prozentsatz des Gesamthonorars von 100 Prozent oder weniger. Die Bestandsaufnahme sollte Teil der Grundlagenermittlung sein. Das sollte vorab mit dem Architekten geklärt werden.

Die Leistungsphasen und ihre prozentuale Bewertung

1.	Grundlagenermittlung	2 %
2.	Vorplanung	7 %
3.	Entwurfsplanung	15 %
4.	Genehmigungsplanung	3 %
5.	Ausführungsplanung	25 %
6.	Vorbereitung der Vergabe	10 %
7.	Mitwirkung bei der Vergabe	4 %
8.	Objektüberwachung	32 %
9.	Objektbetreuung und Dokumentation	2 %

Beispiel 1

Sie planen einen Umbau Ihres Hauses für insgesamt 100.000 Euro ohne Mehrwertsteuer (Architektenhonorare beziehen sich immer auf die Nettobaukosten). Dies heißt, dass Ihr Architekt – soweit er alle Leistungsphasen aus der HOAI wahrnimmt und Sie mit ihm Honorarzone III unten vereinbart haben – folgendes Honorar zuzüglich Mehrwertsteuer erhält:

Leistungsphase	Prozentualer Anteil an der Gesamtleistung	Betrag in Euro
1. Grundlagenermittlung	2	300,10
2. Vorplanung	7	1.050,35
3. Entwurfsplanung	15	2.250,75
4. Genehmigungsplanung	3	450,15
5. Ausführungsplanung	25	3.751,25
6. Vorbereitung der Vergabe	10	1.500,50
7. Mitwirkung bei der Vergabe	4	600,20
8. Objektüberwachung	32	4.801,60
9. Objektbetreuung und Dokumentation	2	300,10
Summe		**15.005,00**

In diesem Honorar allerdings nicht enthalten sind zusätzliche Aufgaben, beispielsweise die Erstellung eines Schadstoffgutachtens. Die oben genannten Leistungen beziehen sich ausschließlich auf Planung und Durchführung der konkreten Umbaumaßnahme.

Beispiel 2

Wenn Ihr Architekt nicht für alle Leistungsphasen der HOAI beauftragt wird, zum Beispiel weil die Umbaumaßnahmen relativ einfach sind und keiner Baugenehmigung bedürfen, kann das anfallende Honorar natürlich anders aussehen, zum Beispiel wie folgt:

Leistungsphase	Prozentualer Anteil an der Gesamtleistung	Betrag in Euro
5. Ausführungsplanung	25	3.751,25
6. Vorbereitung der Vergabe	10	1.500,50
7. Mitwirkung bei der Vergabe	4	600,20
8. Objektüberwachung	32	4.801,60
9. Objektbetreuung und Dokumentation	2	300,10
Summe		**10.953,65**

Die **Honorarzonen** wiederum geben Auskunft darüber, in welcher prozentualen Höhe, orientiert an den anrechenbaren Baukosten, der Architekt mit seinem Honorar grundsätzlich beteiligt wird. Es gibt fünf Honorarzonen, die mit römischen Ziffern bezeichnet werden. Für die Errichtung bzw. den Umbau eines einfachen Gebäudes wird eine niedrige Honorarzone angesetzt, für die Errichtung bzw. Modernisierung eines komplexen Gebäudes eine höhere. Die Honorarzonen, die für den Umbau von Wohngebäuden angewendet werden, bewegen sich üblicherweise in den Zonen III bzw. IV. Jede Honorarzone untergliedert sich nochmals in drei Unterzonen: »unten«, »Mitte«, »oben«, das heißt, die Honorarzone III »unten« führt für den Architekten oder Planer zu einem niedrigeren Honorar als die Honorarzone III »oben«. Aus Honorarzonen (welcher Prozentsatz wird dem Architekten an den anrechenbaren Kosten grundsätzlich zugebilligt?) und den Leistungsphasen (welche Abschnitte eines Bauvorhabens betreut der Architekt?) errechnet sich das Honorar des Architekten.

Zusatzvergütung für Leistungen im Bestand

Die HOAI enthält in § 6 Absatz 2 eine Regelung, die schon für viele Verbraucher zu unangenehmen Überraschungen geführt hat. Grundsätzlich darf der Architekt nämlich bei Leistungen im Bestand pauschal 20 Prozent aufschlagen. Dazu muss keine gesonderte Vereinbarung getroffen werden. Der Architekt darf auf das Honorar sogar einen Zuschlag von 33 Prozent (Gebäudeumbau) bis zu 50 Prozent (Innenumbau) berechnen. Dies muss dann allerdings zuvor schriftlich vereinbart werden. Ist er es nicht, bleibt es bei den 20 Prozent. Das wären in unserem Beispiel auf Seite 12 (Honorarsumme 15.005 Euro), bei dem der Architekt für alle Leistungsphasen beauftragt wird, immerhin zusätzlich 3.001,00 Euro netto. Insgesamt wären es 18.006,00 Euro netto (15.005,00 + 3.001,00) bzw. 21.427,14 Euro brutto. Alles in allem also satte 6.000 Euro mehr, als es laut Tabelle zunächst aussieht. Sie können den 20-prozentigen Umbauzuschlag aber auch vertraglich ausschließen.

Erhebungsgrundlage für Leistungen im Bestand

Eine weitere, für Verbraucher kostenträchtige Regelung der HOAI bei Umbauten, ist die sogenannte „mitzuverarbeitende Bausubstanz", nach § 4 Absatz 3 der HOAI. Damit ist gemeint, dass der Architekt nicht nur alle Baukosten neu einzubauender Bauelemente zur Erhebungsgrundlage seines Honorars machen kann, sondern auch den Wert von Bestandelementen, die „mitverarbeitet" werden müssen.

Beispiel: Es wird ein neues Fenster in eine Bestandswand eingesetzt oder eine Dämmung auf eine Bestandswand aufgebracht. Dann darf der Architekt auch den Wert der in diesem Zusammenhang mitzuverarbeitenden Bausubstanz, also etwa die Bestands-Fensterleibung oder die Bestands-Fassade, mit zur Erhebungsgrundlage seines Honorars machen. Statt Umbaukosten von möglicherweise 100.000 Euro für alle neu einzubauenden Bauelemente kommen so evtl. nochmals 100.000 Euro an mitzuverarbeitender Bausubstanz als Honorargrundlage hinzu. Das führt allein nur durch die Verdoppelung der Erhebungsrundlage zu einer förmlichen Explosion des Honorars.

Diese HOAI-Regelung wird allzuschnell übersehen, kann aber Tausende von Euros an Honorar kosten. Der einfachste Weg hier Transparenz hineinzubringen ist der, dass der Architekt vor Unterzeichnung eines Architektenvertrages offenlegt, auf welcher Grundlage er sein Honorar für einen Umbau kalkuliert. Ist dort die mitzuverarbeitende Bausubstanz mit hohen Summen berücksichtigt, muss das hinterfragt werden. Wird diese Transparenz vor Vertragsabschluss nicht geschaffen, kann später bei der Honorarabrechnung Ärger drohen. Auch die Anrechnung der mitzuverarbeitenden Bausubstanz kann vertraglich übrigens ausgeschlossen werden. Ein solcher vertraglicher Ausschluss sichert Sie am besten ab –wenn Sie das wollen und der Architekt damit einverstanden ist.

Neben den möglichst exakten Regelungen zum Honorar sollten im Architektenvertrag darüber hinaus auch folgende Punkte geregelt werden:

- maximale Bauzeit/Fertigstellungsdatum,
- maximale Baukosten,
- phasenweise Beauftragung (eventuell auch als Phasenpakete, zum Beispiel 1 bis 2, 3 bis 4 oder 5, 6 bis 9),
- Nebenkosten (Kopien, Telefon, Porto),
- Kündigungsregelungen,
- Gerichtsstand.

Wegen des Regelbedarfs bei einem Architektenvertrag empfehlen wir Ihnen, ihn vor Unterzeichnung einem **Fachanwalt für Bau- und Architektenrecht** zur Prüfung vorzulegen. Diese präventive Prüfung gibt Ihrem Anwalt die Chance, rechtzeitig vor Vertragsabschluss gegebenenfalls eine Korrektur des Vertrags vorzunehmen. Für eine solche Prüfung sollte ein Anwalt nicht mehr als zwei bis drei Stunden benötigen und das Ganze dürfte nicht mehr als 300 bis 400 Euro kosten. Dann steht die Prüfung in einem sinnvollen Verhältnis zu dem vielleicht fünfstelligen Honorar des Architekten. Ist das Honorar des Anwalts allerdings vierstellig, würde es natürlich fragwürdig. Daher muss auch der Anwalt von vornherein nach allen Kosten gefragt werden, die für eine Vertragsprüfung anfallen.

Die Fachingenieure

Fachingenieure können durch Sie oder auch durch den Architekten für Sie eingeschaltet werden. Sie sind dann wichtig, wenn es um Statik oder um Wärmebedarfsberechnungen und die exakte Abstimmung zwischen Gebäudedämmung und Gebäudetechnik geht, also in der Regel fast immer. Fachingenieure erbringen ebenfalls Ingenieurdienstleistungen, werden also ebenfalls nach der HOAI honoriert. Sie erbringen üblicherweise aber andere Leistungen als der Architekt und werden daher auch anders honoriert. Im Rahmen eines Umbaus sind für Sie vor allem Leistungen zur Statik und zum Wärmeschutz und zur Wärmeversorgung eines Gebäudes wichtig. Wenn ein Ingenieur zu Fragen der thermischen Bauphysik berät, ist das gemäß § 3 Absatz 1 der HOAI in Kombination mit Anlage 1 eine Beratungsleistung. Diese kann frei vereinbart werden.

Wieder anders ist es bei Beratungen zu Wärmeerzeugungsanlagen. Sie gelten als „Technische Ausrüstung“ und sind entsprechend HOAI §§ 51 ff. zu vergüten. Hier trifft die HOAI – ähnlich wie beim Architektenhonorar – eine Regelung, die das Honorar des Ingenieurs an die Kosten der Heizungs- oder auch Lüftungsanlage koppelt.

Aber auch bei einer neuen Heizungs- oder Lüftungsanlage ist es fraglich, ob der Ingenieur überhaupt alle Leistungsphasen erbringt. Das muss genau geprüft werden. Sinnvollerweise sollte auch mit dem Ingenieur die Höhe des Honorars vorab besprochen werden. Es sollte Ihnen transparent dargelegt werden, wie sich dieses zusammensetzt. Sie können dann auch den Vertrag für den Fachingenieur einem Fachanwalt für Bau- und Architektenrecht zur Prüfung vorlegen.

Beispiel

Nehmen wir an, Ihre neue Heizungsanlage kostet 10.000 Euro, dann würde ein Fachingenieur wie folgt beteiligt:

Leistungsphase	Prozentualer Anteil an der Gesamtleistung	Betrag in Euro
1. Grundlagenermittlung	3	132,63
2. Vorplanung	7	486,31
3. Entwurfsplanung	11	663,15
4. Genehmigungsplanung	6	265,26
5. Ausführungsplanung	25	795,78
6. Vorbereitung der Vergabe	10	265,26
7. Mitwirkung bei der Vergabe	4	221,05
8. Objektüberwachung	31	1.458,93
9. Objektbetreuung und Dokumentation	3	132,63
Summe		**4.421,00**

Bei Beratungen zur **Tragwerksplanung** wird gemäß Leistungsbild § 49 und Honorartafel § 50 der HOAI abgerechnet. Auch das Honorar der Tragwerksplanung richtet sich nach der Höhe der Baukosten bzw. Umbaukosten – aber nur bestimmter Baukosten, nämlich nur derjenigen, von denen das Tragwerk auch betroffen ist. Wenn bei einem Umbau bestimmte Arbeiten nicht anfallen, zum Beispiel Fundamentierung, können sie auch nicht ohne Weiteres als Grundlage des Honorars mit einbezogen werden. Die HOAI sieht unter § 48 Absatz 3 nur folgende Baukosten als anrechenbare Leistungen für die Tragwerksplanung an:

1. Erdarbeiten,
2. Mauerarbeiten,
3. Beton- und Stahlbetonarbeiten,
4. Naturwerksteinarbeiten,
5. Betonwerksteinarbeiten,
6. Zimmer- und Holzbauarbeiten,
7. Stahlbauarbeiten,
8. Tragwerke und Tragwerksteile aus Stoffen, die anstelle der in den vorgenannten Leistungen enthaltenen Stoffe verwendet werden,
9. Abdichtungsarbeiten,
10. Dachdeckungs- und Dachabdichtungsarbeiten,
11. Klempnerarbeiten,
12. Metallbau- und Schlosserarbeiten für tragende Konstruktionen,
13. Bohrarbeiten, außer Bohrungen zur Baugrunderkundung,
14. Verbauarbeiten für Baugruben,
15. Rammarbeiten,
16. Wasserhaltungsarbeiten.

Nicht dazu gehören folgende Leistungen:

1. das Herrichten des Baugrundstücks,
2. Oberbodenauftrag,
3. Mehrkosten für außergewöhnliche Ausschachtungsarbeiten,
4. Rohrgräben ohne statischen Nachweis,
5. nicht tragendes Mauerwerk, das kleiner als 11,5 Zentimeter ist,
6. Bodenplatten ohne statischen Nachweis,
7. Mehrkosten für Sonderausführungen,
8. Winterbauschutzvorkehrungen und sonstige zusätzliche Maßnahmen für den Winterbau,
9. Naturwerkstein-, Betonwerkstein-, Zimmer- und Holzbau-, Stahlbau- und Klempnerarbeiten, die in Verbindung mit dem Ausbau eines Gebäudes oder Ingenieurbauwerks ausgeführt werden,
10. die Baunebenkosten.

Im Zuge Ihres Umbaus werden Sie aber vielleicht nur folgende Arbeiten aus der ersten Aufzählung haben:

(...)

2. Mauerarbeiten,
3. Beton- und Stahlbetonarbeiten,

(...)

6. Zimmer- und Holzbauarbeiten,
7. Stahlbauarbeiten,

(...)

10. Dachdeckungs- und Dachabdichtungsarbeiten,
11. Klempnerarbeiten,
12. Metallbau- und Schlosserarbeiten für tragende Konstruktionen,
13. Bohrarbeiten, außer Bohrungen zur Baugrunderkundung.

Dann können auch nur diese Arbeiten als Grundlage zur Honorarberechnung herangezogen werden. Und dann kommt es auch hier darauf an, welchen Leistungsumfang der Tragwerksplaner überhaupt erbringt:

1. für die Leistungsphase 1 (Grundlagenermittlung) werden 3 Prozent veranschlagt,
2. für die Leistungsphase 2 (Vorplanung) 10 Prozent,
3. für die Leistungsphase 3 (Entwurfsplanung) 15 Prozent,
4. für die Leistungsphase 4 (Genehmigungsplanung) 30 Prozent,
5. für die Leistungsphase 5 (Ausführungsplanung) 40 Prozent,
6. für die Leistungsphase 6 (Vorbereitung der Vergabe) 2 Prozent.

Beispiel

Die anrechenbaren Kosten für die Leistungen des Tragkwerkplaners betragen 50.000 Euro (aus den aufgelisteten Gewerken 2, 3, 6, 7, 10, 11, 12, 13). Der Tragwerksplaner hat bei der Genehmigungsplanung, bei der Ausführungsplanung und bei der Vorbereitung der Vergabe mitgewirkt. Er hat also nur die letzten drei Leistungsphasen (4, 5 und 6) erbracht mit zusammen 72 Prozent. Mit ihm ist Honorarzone III unten vereinbart. Er erhält demnach 5.275,44 Euro netto bzw. 6.277,77 Euro brutto. Hätte er alle Leistungsphasen erbracht, würden ihm 7.327,00 Euro netto bzw. 8.719,13 Euro brutto zustehen.

Sie haben es längst gemerkt: Die HOAI ist leider unnötig kompliziert. Honorarhöhen führen sehr oft zu Streit zwischen Bauherr und Architekt und Fachingenieuren. Es ist daher sinnvoll, sich die Dinge vorher sehr genau anzusehen und die zu erwartenden Honorarhöhen so detailliert wie möglich frühzeitig benennen zu lassen.

Bei der Suche nach einem geeigneten Ingenieur kann es sein, dass Sie der Architekt berät, wenn Sie Ihren Umbau mit ihm durchführen. Denn normalerweise ist er es, der ein optimales Planungsteam zusammenstellt. Er wird hier gegebenenfalls auch auf Erfahrungen früherer Projekte zurückgreifen und entsprechende Büros einschalten.

Genauso wie beim Architektenvertrag ist es auch bei der Zusammenarbeit mit Fachingenieuren wichtig, dass Sie einen ausgewogenen, guten Vertrag vereinbaren. Dieser kann am Architektenvertrag orientiert sein, muss es aber nicht. Auch bei den Verträgen der Fachingenieure oder des Fachingenieurs empfehlen wir grundsätzlich, diese durch einen auf Bau- und Architektenrecht spezialisierten und dort prozesserfahrenen Anwalt vor Unterzeichnung prüfen zu lassen.

Wenn Sie nach Ihrem Umbau einen bestimmten energetischen Standard erreichen wollen, zum Beispiel KfW-Effizienzhaus 55 oder ähnlich, ist es auch beim Vertragsabschluss mit Fachingenieuren wichtig, dass Sie sich das Erreichen solcher energetischer Parameter vertraglich festschreiben lassen.

Der Architektenvertrag

Architektenverträge können grundsätzlich sehr unterschiedlich aussehen. Gemeinsam ist ihnen, dass es sich um Verträge nach dem sogenannten Werkvertragsrecht des BGB handelt. Das heißt, der Architekt schuldet Ihnen nicht nur eine unspezifische Planung oder Bauleitung, sondern gerade eine solche, die sicherstellt, dass die festgelegten Vertragsziele mangelfrei erreicht werden. Hier spricht man vom Werkerfolg.

Einen Architektenvertrag abzuschließen ist für darin unerfahrene Verbraucher nicht ganz einfach. Wenn überhaupt, schließen die meisten Verbraucher nur einmal im Leben einen solchen Vertrag ab. Der Architektenvertrag kann aber erhebliche Auswirkungen auf Ihren Umbau haben, daher ist beim Abschluss eine gewisse Vorsicht geboten. Das geht schon damit los, dass häufig unklar ist, wann der Architekt in welcher Weise mit Leistungen überhaupt beauftragt wurde. Wenn Sie einen Architekten bitten, einige erste Skizzen anzufertigen, haben Sie damit unter Umständen bereits einen mündlichen Architektenvertrag abgeschlossen, obwohl Sie das vielleicht noch gar nicht wollten.

Wenn Sie einen Vertrag dann einfach kündigen möchten, geht das nicht so einfach, wie Sie vielleicht denken. Denn der Architekt hat in einem solchen Fall eventuell Anspruch auf entgangenen Gewinn. Hatte der Architekt keine anderen Aufträge und sich auf Ihren Auftrag konzentriert und ist der mündlich geschlossene Vertrag nicht klar auf einen vereinbarten Leistungsumfang eingrenzbar, kann es schnell teuer werden.

Daher ist es wichtig, dass Sie vorsichtig und gut vorbereitet vorgehen.

Aus diesem Grund finden Sie in diesem Buch Darlegungen üblicher Inhalte von Architektenverträgen. Zudem finden Sie zwei Beispiele mit Erläuterungen und abschließend eine Checkliste.

Aufbau von Architektenverträgen

In der Praxis gibt es sehr unterschiedliche Architektenverträge. Musterformularverträge gibt es aktuell von Landesarchitektenkammern und Architekten-Haftpflichtversicherern. Die Bundesarchitektenkammer hatte einmal einen Musterformularvertrag für Architekten empfohlen, diesen aber wieder zurückgezogen. Ihr Architekt wird vielleicht einen Musterformularvertrag einsetzen oder ihn auch nur als Basis verwenden und selbst ergänzen und erweitern. Manchmal geschieht dies unter Beratung eines Fachjuristen, manchmal auch nicht. Dann kommt es sehr auf die Rechtskenntnisse des Architekten an und ob seine Ergänzungen so überhaupt wirksam vereinbart werden können. Jedes Büro macht über die Jahre eigene Erfahrungen und lässt diese in der Regel in die Verträge einfließen. Grundsätzlich geregelt werden unter anderen folgende Punkte:

- Vertragspartner
- Vertragsgegenstand
- Vertragsgrundlagen
- Leistungsumfang
- Nebenleistungen
- Honorar

Für Sie als Verbraucher sind weitere Punkte sehr wichtig:

- Termine
- Kosten
- Leistungsänderungen
- Versicherung
- Kündigungsregelungen

Der Formularvertrag einer der Landesarchitektenkammern gliedert sich wie folgt:

- Gegenstand des Vertrages und Leistungen des Architekten
- Aufgaben des Bauherrn
- Grundlagen des Honorars des Architekten
- Schutz des Architektenwerkes und des Urhebers
- Verlängerung der Planungs- und/oder Bauzeit, Unterbrechung des Vertrages
- Abnahme und Verjährung
- Mängelansprüche und Haftung
- Haftpflichtversicherung
- Aufrechnung
- Vorzeitige Auflösung des Vertrages
- Herausgabe- und Aufbewahrungspflichten
- Schlussbestimmungen
- Zusätzliche Vereinbarungen

Bei Formularverträgen, die Ihnen vorgelegt werden, sollten Sie immer wissen: Diese Verträge bedienen zunächst immer vorrangig die Interessen des Verfassers. Eine Architektenkammer ist keine Verbraucherschutzeinrichtung, sondern eine Interessenvertretung der Architekten. Und auch ein Architektenhaftpflichtversicherer hat natürlich Interessen – beispielsweise zu Haftungsbegrenzungen.

Das heißt, es bleibt Ihnen zunächst nichts anderes übrig, als einen Ihnen vorgelegten Formularvertrag oder Individualvertrag sehr sorgfältig durchzusehen und darauf zu achten, dass auch Ihre Interessen gewahrt werden.

Selbst, wenn eine ganze Reihe von Punkten in einem Vertrag formal berücksichtigt ist, ist natürlich wichtig, dass sie auch inhaltlich umfassend und detailliert geregelt sind. Wenn Sie bei den Terminen zum Beispiel nur festlegen, bis wann der Architekt die Genehmigungsplanung vorbereitet haben soll, bleibt offen, bis wann das Vorhaben insgesamt abgeschlossen sein soll. Das wiederum können Sie aber nur vereinbaren, wenn der Architekt auch mit dem vollen Leistungsumfang betraut wird. Was alles in Architektenverträgen typischerweise geregelt ist, finden Sie daher nachfolgend:

Die wichtigsten Inhalte eines Architektenvertrags

Vertragspartner

Bei den Vertragspartnern werden der Architekt und Sie samt Partner benannt, soweit Sie den Umbau auch vertraglich gemeinsam mit einem Partner vornehmen möchten.

Vertragsgegenstand

Beim Vertragsgegenstand wird benannt, um welches Bauvorhaben es sich handelt und insbesondere, was genau die zu lösende Planungsaufgabe ist! Also zum Beispiel um den Umbau eines Einfamilienhaus auf der Gemarkung der Gemeinde XY, Flurstücknummer XY. Auch was genau umgebaut werden soll, also etwa neue Innenaufteilung mit dargelegter Ausstattung und Anzahl, neue Heizung, neue Fenster und Fassade, ggf. Zielvorgaben dazu,

Dachgeschossausbau, Balkon- und Terrassenanbauten etc..

Vertragsgrundlagen

Bei den Vertragsgrundlagen hält man fest, dass bestimmte Pläne und eine Baubeschreibung Grundlage des Vertrages sind. Genauso aber Besichtigungsanforderungen (Bauteilöffnungen, detaillierte Feststellung des baulichen Ist-Zustandes), Schadstoffgutachten, Bodengutachten, statische Gutachten etc.

Leistungsumfang

Beim Leistungsumfang wird vereinbart, mit welchen Leistungen der Architekt betraut wird. Das kann auch stufenweise vereinbart werden. Sodass zunächst nur eine Entwurfsplanung abgefragt wird, dann eine nächste Stufe bis zur Genehmigungsplanung und schließlich Ausführungsplanung, Ausschreibung und Bauüberwachung. Außerdem können hier weitere Dinge geregelt werden, wie ein regelmäßiger Jour Fixe auf der Baustelle oder zusätzlich notwendige Leistungen, etwa die gründliche Gebäudeaufnahme bei der Grundlagenermittlung, die aber keine Grundleistung nach der HOAI ist.

Leistungsänderungen

Im Verlauf der Zusammenarbeit mit einem Architekten kann es immer - auch zu notwendigen - Leistungsänderungen kommen. Es ist sinnvoll, von Anfang an zu regeln, wie bei solchen Änderungen verfahren wird. Denn bei Umbauten gibt es immer wieder neue Überraschungen. Das kann zur Umplanung des Umbauvorhabens führen oder auch einfach zu einer anderen Bauausführung vor Ort, die aber vielleicht sehr betreuungsintensiv ist. Leistungsänderungen sollten schriftlich vereinbart und nur bei kleinen Leistungsänderungen nach Stundenhonorar abgerechnet werden. Denn ist der Leistungsänderungsumfang größer und wird nach Stundensatz abgerechnet, können Architektenkosten extrem steigen.

Honorar

Das Honorar richtet sich bei Architekten nach den erbrachten Bauleistungen (siehe Seite xxx). Bei Umbauten ist besondere Vorsicht geboten, denn hier sieht die HOAI die schon genannten Zuschläge für Leistungen im Bestand vor. Danach kann der Architekt bei Innenumbauten pauschal bis zu 50 % und für Gebäudeumbauten bis zu 33 % auf sein Honorar aufschlagen, wenn dies schriftlich vereinbart wurde. Wenn Sie keine Aufschläge wollen, sollten Sie auch keine vereinbaren. Auch die 20 Prozent, die dem Architekten nach HOAI zustehen, wenn nichts anderes schriftlich vereinbart ist, können Sie natürlich vertraglich ausdrücklich ausschließen. Ferner müssen Sie die Gesamtbaukosten des Vorhabens vertraglich deckeln, damit so auch die Honorarkosten gedeckelt sind (siehe auch unter dem Punkt Kosten).

Zahlungsweise

Neben dem Honorar sollte auch die Zahlungsweise des Honorars klar geregelt sein. Grundsätzlich gilt: Erst Leistungserbringung und Abnahme der Leistung, dann Zahlung. Generell hat der Architekt keinen Anspruch auf Zahlung, bevor seine Leistung nicht vollständig erbracht und abgenommen ist. Es spricht aber andererseits auch nichts dagegen, nach Leistungsfortschritt zu zahlen. Am einfachsten ist es, wenn jede Leistungsphase der HOAI nach Erbringung durch den Architekten abgenommen und vergütet wird. Dazu kann er zum Beispiel eine Abschlagsrechnung aufsetzen, die man dann prüfen und anweisen kann. Man kann für die Abrechnung auch Leistungsphasen zusammenfassen. Wird im Vertrag schriftlich möglichst exakt fixiert, wie die Zahlung für welche Leistungen erfolgt, vermeidet das frühzeitig einen potentiellen Streitpunkt.

Kosten

Auch Kosten sollten in einem Architektenvertrag festgeschrieben werden. Sind sie es nicht, gibt es faktisch keine Begrenzung. Hinzu kommt, dass Architekten eine Verpflichtung zum Vermögensschutz von Bauherren haben. Das greift aber natürlich wirksam nur, wenn man weiß, welche Kostengrenze dem Architekten überhaupt vorgegeben wurde. Wenn der Architekt keine Vorgabe hat, ist ja fraglich, inwieweit er Ihnen überhaupt einen Vermögensschaden zufügen kann. Ziehen Sie hingegen vertraglich klar eine Kostengrenze, dann ist das eindeutig. Kosten sollten sehr genau definiert werden. Handelt es sich um die Kosten inklusive Bestandsimmobilie oder exklusive? Handelt es sich um die Brutto- oder Nettobaukosten? Ist das Architektenhonorar enthalten oder nicht? Wenn solche Dinge nicht klar festgelegt sind, entsteht schnell undefinierter Spielraum in der Höhe von einigen zehntausend Euro.

Nebenkosten

Bei den Nebenkosten werden meist Dinge wie Telefon-, Porto- oder Kopierkosten geregelt. Also all die Dinge, die zusätzlich zum eigentlichen Honorar anfallen können. Anfahrtskosten zur Baustelle oder Stundensätze, zum Beispiel für zusätzliche Termine, können optional geregelt werden. Grundsätzlich ist der Architekt allerdings verpflichtet, eine ordnungsgemäße Bauleitung sicherzustellen, wenn er damit beauftragt wurde. Seine Anfahrtskosten muss er zunächst einmal selber tragen. Stehen aber zusätzliche Termine an, die zur eigentlichen Bauleitung nicht notwendig sind und zu denen Sie den Architekten dabei haben wollen, kann es sinnvoll sein, Optionsregelungen zu treffen.

Termine

Terminregelungen betreffen sowohl Planungs- als auch Bauabwicklungstermine. Je nachdem, welcher Umfang bei den Leistungsphasen vereinbart ist, können Vereinbarungen zur Erstellung der Baueingabepläne, zum Abschluss der Ausführungsplanung sowie zum Termin der Ausschreibung, des Baubeginns und Bauabschlusses getroffen werden. Da nicht immer klar ist, wie lange ein Baugenehmigungs- oder Kenntnisgabeverfahren dauert, selbst wenn es dafür gesetzliche Vorgaben gibt, kann auch vereinbart werden, dass – orientiert an der Baufreigabe bzw. der Einreichung des Kenntnisgabeverfahrens – ein Nachablauf zeitlich festgeschrieben wird. Zum Beispiel in der Form, dass bis spätestens drei Monate nach Baugenehmigung die Ausführungsplanung und die Ausschreibung abgeschlossen ist und spätestens weitere drei Monate danach mit den Bauarbeiten begonnen werden soll.

Versicherung

Bei den vertraglich zu regelnden Versicherungen im Architektenvertrag ist vor allem die Haftpflichtversicherung des Architekten erforderlich, die er grundsätzlich haben muss. Wichtig ist, dass es keine Beitragsrückstände gibt und dass die Versicherung eine ausreichende Deckungshöhe aufweist. Die Deckungshöhe der Versicherung sollte immer oberhalb der veranschlagten Bau- bzw. Umbaukosten liegen, sodass im Zweifel, das gesamte Vorhaben in voller Höhe abgesichert ist. Das betrifft allerdings nur die Sachschäden. Hinzukommen können natürlich Personenschäden, die sehr schnell sehr teuer werden können. Hier sind Deckungshöhen von 2 bis 3 Millionen Euro üblich und werden von den meisten Versicherern Architekten auch so angeboten.

Am sinnvollsten ist es, wenn im Vertrag die Versicherung und die Versicherungsnummer des Architekten fixiert werden, damit im Falle des Falles diese Daten zur Verfügung stehen. Es gibt Bauherren, die bei Schadensfällen erhebliche Probleme hatten, an diese Daten zu kommen. Die meisten Architekten geben Ihnen diese Informationen problemlos. Sie sind ihrerseits daran interessiert, im Schadensfall vorsorglich sehr schnell ihre Versicherung einzuschalten. Wenn Sie wissen, wo Ihr Architekt versichert ist, können Sie zur Sicherheit auch nochmal dort anrufen und sich bestätigen lassen, dass mit dem Versicherungsvertrag alles in Ordnung ist. Erfahrene Architekten haben auch damit kein Problem. Denn auch sie müssen das häufig genug bei den Versicherungen der Bauunternehmen machen, wenn die Bauherren dies zusätzlich wünschen, um keine unnötigen Risiken einzugehen.

Urheber- und Nutzungsrechte an der Planung

Das Urheberrecht an der Planung verbleibt grundsätzlich beim Urheber, also dem Architekten. Das Nutzungsrecht an der Planung hingegen geht nach Erbringung und Abnahme der Leistungsphasen 3 und 4 über auf den Auftraggeber der Planung. So können Sie auch später frei weitere Veränderungen am Bauwerk vornehmen. Anspruch auf einen Veränderungsschutz seines Werkes hat ein Architekt nur in Ausnahmefällen – bei besonderen schöpferischen Leistungen – wozu übliche Einfamilienhausumbauten normalerweise nicht gehören.

Abnahme und Mängel

Wenn eine Leistung erbracht ist, muss sie abgenommenen werden. „Abnehmen“ heißt, dass man die Leistung als im Wesentlichen erbracht anerkennt. Das, was Sie nicht oder als nur mangelhaft erbracht ansehen, müssen Sie mit einem Vorbehalt im Abnahmeprotokoll aufnehmen, sonst können Ihnen Gewährleistungsrechte aus einem solchen Mangel verloren gehen. Sie können eine Abnahme nicht einfach verweigern, denn gesetzlich sind Sie zur Abnahme einer erbrachten Leistung verpflichtet. Es sei denn, dem stehen schwerwiegende Gründe entgegen. Dies wäre zum Beispiel eine Planung des Architekten, die statisch, so wie gedacht, gar nicht umsetzbar ist.

Unterlagen / Dokumente

Während der Planung und Bauüberwachung durch den Architekten entstehen zahlreiche Unterlagen und Dokumente. Von der Genehmigungsplanung über die Ausführungsplanung bis hin zur Detailplanung. Aber auch Ausschreibungen und das Bautagebuch gehören dazu. Am besten regelt man bereits im Architektenvertrag, dass alle diese Unterlagen im Original beziehungsweise in Kopie (Bautagebuch) nach Leistungserbringung an Sie übergeben werden. Ist das nicht geregelt, kann es später zu sehr zähen Verhandlungen kommen, welche Herausgabe der Architekt am Ende schuldet und welche nicht. Zudem droht ein Tauziehen „Unterlagen gegen Honorar“.

Werbung

Viele Architekten machen mittlerweile Werbung mit ihren Bauprojekten. Sei es auf einem

Bauschild auf dem Baugrundstück oder auf ihrer Internetseite. Auch hierzu empfehlen sich klare und frühzeitige Regelungen. Es ist für Architekten durchaus sinnvoll, geplante Projekte zu zeigen. Auch Sie konnten davon bei der Architektensuche ja vielleicht profitieren. Und gute Architekten können auch bei schwierigen Aufgaben wirkliche Baukultur schaffen. Wenn Sie also von der Planung des Architekten bezüglich Ihres Projektes überzeugt sind und seiner Werbung nicht im Weg stehen wollen, können Sie lediglich einige einschränkende Regelungen treffen, wie keine Innenaufnahmen des Objekts, keine Namens- und Adressnennung.

Probleme tauchen meist dann auf, wenn es Ärger gibt. Und dann – trotz des Ärgers – mit Ihrem Umbau geworben wird. Eine Lösung könnte sein, dass man die Regelungen zur Werbung vertagt, bis das Vorhaben abgeschlossen ist. Lief alles gut, dürften Vereinbarungen dazu relativ problemlos zu treffen sein.

Schlichtung

Man kann überlegen, in einen Architektenvertrag auch Regelungen zur Schlichtung im Streitfall aufzunehmen. Bei Schlichtungsregelungen sollten Sie aber darauf achten, dass der Schlichter von beiden Seiten ausgesucht werden kann oder beiden Seiten eventuell sogar schon vor Vertragsabschluss bekannt ist und beide mit ihm als Person einverstanden sind. Als Schlichter können Fachanwälte für Bau- und Architektenrecht gut geeignet sein. Einige haben sogar eine Zusatzausbildung als Schlichter oder Mediator. Der Vorteil einer Schlichtung durch einen Fachanwalt liegt darin, dass dieser die Rechtsmaterie im Detail kennt und damit auch mögliche Rechtskonsequenzen, falls es nicht zu einem Vergleich kommt. Schon das kann helfen, über einen Vergleich zielorientierter nachdenken zu können.

Bei Schlichtungsvereinbarungen sollte man darauf achten, dass die Schlichtung nicht einen automatischen und verbindlichen Verzicht auf den Rechtsweg bedeutet. Das mindert zwar den Druck auf beide Parteien im Schlichtungsverfahren. Es macht aber keinen Sinn, eine Schlichtungslösung durch Druck erreichen zu wollen. Sie sollte vielmehr grundsätzlich auf Freiwilligkeit basieren. Kommt man im Schlichtungsverfahren nicht weiter, kann die verbleibende Option des Rechtswegs sinnvoll sein.

Kündigungsregelungen

Klare Kündigungsregelungen fehlen in vielen Architektenverträgen, sind aber durchaus sinnvoll. Wenn Sie einen Architekten nur stufenweise beauftragen, orientiert an den Leistungsphasen der HOAI, haben Sie automatisch regelmäßige Ausstiegsmöglichkeiten, aber Ihr Architekt natürlich auch. Ein guter Architekt, der es mit schwieriger Bauherrschaft zu tun hat, wird diese Chance natürlich umgekehrt dann auch gerne nutzen.

Wenn Sie mit dem Architekten von vornherein einen Vertrag über alle Leistungsphasen abschließen wollen, kommt er hingegen zwar nicht ohne Weiteres aus dem Vertrag heraus, Sie aber auch nicht. Bei solchen Verträgen sind klare Kündigungsregelungen wichtig. Es könnte ja sein, dass es zu einem unüberbrückbaren Zerwürfnis kommt und die weitere Zusammenarbeit nur noch eine Qual wäre. Oder aber es stellen sich grobe Unzuverlässigkeiten ein und Sie möchten aus dem Vertrag aussteigengen. Kündigen Sie dann einfach einen Architektenvertrag, kann der Architekt, wie bereits erwähnt, auf entgangenen Gewinn klagen. Denn er hatte ja eigentlich einen Vertrag, der alle Leistungsphasen umfasste.

Werden im Vertrag klare Kündigungsregelungen getroffen, wer unter welchen Umständen kündigen kann und wie sich die wechselseitige Anspruchsgrundlage in diesem Fall gestaltet, ist das hilfreich. Man wird nie alle Fälle regeln können, aber typische, wichtige Fälle sehr wohl. Kündigungsgründe können ebenso geregelt werden wie die formalen Anforderungen an eine Kündigung – also Schriftform per Einschreiben oder Ähnliches.

Vertragsbeispiele mit Erläuterungen

Üblicherweise ist es so, dass der Architekt dem Bauherrn einen Vertragsvorschlag vorlegt. Das ist entweder ein unveränderter Formularvertrag oder ein individuell abgeänderter Formularvertrag oder aber ein ganz individueller Vertrag, den der Architekt mit oder ohne juristische Beratung entworfen hat. Sie werden in der Praxis also auf sehr unterschiedliche Architektenverträge stoßen. Damit Sie einmal einen Eindruck bekommen, wie ein solcher Vertrag aussehen kann, finden Sie nachfolgend zwei Vertragsbeispiele, die durchgängig erläutert sind: einen individuell entworfenen Vertrag und das fiktive Beispiel eines Formularvertrages.

Die Vorlage eines Architektenvertrages durch einen Architekten ist grundsätzlich als Vorschlag von seiner Seite zu betrachten. Ob es zum Abschluss auf einer solchen Vertragsbasis kommt, wird ganz wesentlich an Ihnen hängen. Denn Sie werden den Vertrag zunächst durchsehen und prüfen.

Beispiel 1: Individuell entworfener Vertrag

Architektenvertrag
Zwischen
Eheleute Paula und Paul Müller
Müllerstraße 1
12345 Müllerhausen

nachfolgend Auftraggeber (AG) genannt
und

Architekt Leo Meier
Meisterstraße 1
12345 Müllerhausen

nachfolgend Auftragnehmer (AN) genannt
wird folgender Architektenvertrag
geschlossen:

§ 1 Vertragsgegenstand

Vertragsgegenstand ist der Umbau des Bestandsgebäudes des AG in der Hausstraße 10 in 12345 Müllerhausen.

Erläuterung

Dies ist eine übliche, kurze Regelung, um im Vertrag klar zu fixieren, um welches Anwesen es sich überhaupt handelt, das umgebaut werden soll. Was hier allerdings gänzlich fehlt ist eine genaue Beschreibung der Planungsleistung. Also welcher Umbau mit welchen Anforderungen in welcher Weise geplant werden soll. Zum Beipiel: „Planung des Umbaus zu einem KfW-55-Effizienhaus, barrierefrei nach DIN 18040, mit Einliegerwohnung im Erdgeschoss und ausgebautem Dachgeschoss sowie Südbalkon- und Südterrasse, direkt zugänglich über alle Südräume des Hauses".

§ 2 Vertragsgrundlagen

Vertragsgrundlagen sind die Besprechungen vom (Datum) und die Entwurfsskizzen vom (Datum).

Erläuterung

In § 2 wird auf Vertragsgrundlagen verwiesen, die aber nicht explizit zum Vertragsbestandteil gemacht werden. Sehr wichtig ist daher, dass diese Vertragsrundlagen inhaltlich noch mal genau darauf überprüft werden, ob sie wirklich als solche dienen können oder überarbeitet werden müssen. Und sie sollten dann auch zum Vertragsbestandteil gemacht werden.

§ 3 Leistungsumfang

Als Leistungsumfang werden vereinbart die Leistungsphasen 1 bis 8 der HOAI.

Erläuterung

Hier stellt sich die Frage, ob Sie von vornherein alle Leistungsphasen der HOAI mit dem Architekten vereinbaren wollen oder zunächst vielleicht nur die Leistungsphasen 1 bis 4, also alle Leistungen einschließlich der Genehmigungsplanung. Das wird natürlich zu Diskussionen mit dem Architekten führen. Sie können aber auch argumentieren, dass Sie mit den Leistungsphasen 1 bis 4 ja überhaupt erst eine Näherung an die voraussichtlichen Baukosten erhalten und mit diesen Werten dann zunächst in Verhandlungen mit Ihrer Bank eintreten wollen, sodass Sie dann nach Abschluss eines Kreditvertrages die weiteren Leistungsphasen von 5 aufwärts angehen können.

Bei den weiteren Leistungsphasen ist es sinnvoll, die Phasen 6, 7 und 8 durch ein und denselben Architekten umsetzen zu lassen. Denn sonst haben Sie das Problem, dass ein Büro die Leistungsverzeichnisse erstellt (Leistungsphase 6) und ggf. noch die Vergabe betreut (Leistungsphase 7) und ein anderes die Bauleitung übernimmt (Leistungsphase 8). Dann muss der Bauleiter mit einer Ausschreibung zurechtkommen, die er nicht selbst erstellt und auf die er keinen Einfluss hatte. Das ist aller Erfahrung nach ungünstig. Kommt es dann zu Problemen und Mehrkosten, kann das natürlich auch schnell auf die unvollständige oder fehlerhafte Ausschreibung geschoben werden. Liegen beide Leistungen in einer Hand, ist dieses „Katz-und-Maus-Spiel" unterbunden.

§ 4 Leistungsänderungen und Zusatzleistungen

Änderungen der Leistungen müssen schriftlich vereinbart werden. Ebenso Zusatzleistungen, die nicht über die Grundleistungen der HOAI abgedeckt sind.

Erläuterung

Dass durch den vorliegenden Vertrag nur HOAI-Grundleistungen abgedeckt werden, ist tatsächlich so. Den meisten Verbrauchern ist der Umfang der HOAI-Leistungsbilder allerdings gar nicht klar. Werden dann über die Grundleistungen hinaus besondere Leistungen notwendig, vielleicht sogar zwingend notwendig, ist der Ärger vorprogrammiert. Daher ist es sinnvoll, vor Vertragsabschluss gemeinsam mit dem Architekten den Umfang der HOAI-Leistungsbilder durchzugehen und zu prüfen, ob für den geplanten, individuellen Umbau weitere Leistungen des Architekten notwendig werden können, die nicht über die Grundleistungen aus der HOAI erfasst sind. Ist das so, können eventuell notwendig werdende Zusatzleistungen von vornherein vertraglich fixiert werden und auch die voraussichtlichen Kosten dafür sollten vom Architekten benannt werden.

Das ist in einem frühen Stadium einer Planung allerdings nicht immer unbedingt möglich. So kann es ja sein, dass der Architekt erst im Rahmen der Grundlagenermittlung (Leistungsphase 1) feststellt, dass der Umbau erheblich aufwendiger werden wird, als zunächst gedacht, etwa weil es Probleme mit der Statik oder Schadstoffen gibt. Hat man in einer solchen Situation noch keinen Architektenvertrag über alle Leistungsphasen abgeschlossen, kann man flexibel reagieren. Müssen dann Leistungsanpassungen erfolgen, ist zu diesem Zeitpunkt weder die Ausführungsplanung (Leistungsphase 5) vereinbart, noch die Ausschreibung (Leistungsphase 6). Auch vertraglich notwendige Anpassungen für diesen Leistungsumfang können dann in einem Folgevertrag gut und problemlos aufgenommen werden.

Bei Umbauten, bei denen noch sehr viele Fragen offen sind und man die Bausubstanz noch überhaupt nicht kennt, stellt sich sogar die Frage, ob man nicht zunächst sogar außerhalb der HOAI eine Stundensatzvereinbarung für eine erste Gebäudeuntersuchung vereinbart, um überhaupt einen Überblick zu erhalten, mit welchen Konstruktionsweisen und Baustoffen man konfrontiert ist und ob man sich den geplanten Umbau wirklich im ursprünglich gedachten Rahmen antun will und ihn finanzieren kann.

§ 5 Nebenleistungen

> Alle Nebenleistungen, wie Telefon, Porto und Kopierkosten etc. werden auf Nachweis vergütet.

Erläuterung

Man kann eine solche Vereinbarung treffen. Dann wäre es aber sinnvoll, der Architekt legt eine Kostentabelle seiner Nebenkosten vor, damit man weiß, welche Beträge in etwa für die einzelnen Positionen anfallen.

Alternativ kann auch eine Pauschale für diese Position vereinbart werden. Dies muss dann aber bereits mit Vertragsschluss geschehen.

§ 6 Honorar

> Das Honorar richtet sich nach der HOAI. Vereinbart wird Honorarzone IV Mitte. Als Umbauzuschlag wird ein Honoraraufschlag von 33 % vereinbart.

Erläuterung

Unter § 6 wird die HOAI-Honorarzone IV Mitte vereinbart. Für den Einfamilienhausbereich sind die Honorarzonen III und IV der HOAI üblich. Es ist für Sie allerdings natürlich schon ein Kostenunterschied, ob Honorarzone III unten vereinbart ist oder Honorarzone IV Mitte oder oben. Auf Seite 12 finden Sie ein Beispiel, welche Honorarkosten anfallen, wenn Sie für einen Umbau mit Baukosten von 100.000 Euro ein Architektenhonorar nach Honorarzone III unten vereinbaren. Kommt die hier vereinbarte

Honorarzone IV Mitte zum Einsatz, wird es deutlich teurer. Ob Sie das wollen, ist fraglich. Wenn ein Architekt für Umbauaufgaben im Einfamilienhausbereich Honorarzone IV ansetzen will, muss er dafür schon gute Gründe vorweisen. Diese sollte er Ihnen dann auch dezidiert darlegen.

Außerdem wird hier ein Honoraraufschlag von 33 % als Umbauzuschlag vereinbart. Dies ist zulässig. Nach § 36 der HOAI können sogar bis zu 50 % Umbauzuschlag für Innenumbauten und bis zu 33 % für Gebäudeumbauten vereinbart werden. Ob man auch das allerdings wirklich will, muss man sich gut überlegen. Bauaufgaben im Bestand können tatsächlich anspruchsvoller sein als Neubauaufgaben, weil eine konsequente Berücksichtigung zahlreicher Bestandsgrundlagen notwendig ist. Das reicht von einer komplexen Gebäudestatik über mögliche Schadstoffprobleme bis hin zu Denkmalschutzaspekten. Aber nicht jede Umbauaufgabe ist gleich komplex. Handelt es sich um einen relativ einfachen Umbau, ohne besondere Anforderungen, sind hohe Aufschläge eigentlich nicht gerechtfertigt.

§ 7 Zahlungen

> Zahlungen erfolgen nach Rechnungslegung durch den AN. Zahlungsziel sind sieben Werktage.

Erläuterung

Die unter § 7 vereinbarten Zahlungsmodalitäten sind unzureichend. Grundsätzlich gilt: Der Architekt hat erst einen Rechtsanspruch auf Honorarzahlungen, wenn er seine Leistungen erbracht hat und die Leistungen abgenommen sind. Viele Architekten nehmen daher die Leistungsphase 9 der HOAI, die sogenannte „Objektbetreuung und Dokumentation" entweder gar nicht in ihre Verträge auf (wie im Beispiel hier auch) oder schließen dafür einen separaten Vertrag ab. Würde man auch diese Leistungsphase 9 mit in den Vertrag aufnehmen, hätte der Architekt strenggenommen erst mit dem Ablauf der Gewährleistungszeit der Handwerkerarbeiten nach fünf Jahren Anspruch auf Zahlung seines Honorars. Denn mit Vereinbarung der Leistungsphase 9 ist auch vereinbart, dass der Architekt vor Auslaufen der Gewährleistung überprüft, ob Baumängel aufgetreten sind, für die Rechte auf Beseitigung noch vor Ablauf der Gewährleistung gesichert werden müssen.

Auf der anderen Seite steht einer ratenweisen Zahlung an den Architekten nichts entgegen, solange der Grundsatz Leistung gegen Zahlung gewahrt ist. Dann sollte man aber die Leistungsziele und die daran orientierten Zahlungen klar festlegen. Am einfachsten zum Beispiel anhand der einzelnen HOAI-Phasen. So können jeweils nach Abschluss einer oder auch zweier HOAI-Phasen Zahlungen geleistet werden, also etwa nach Leistungsphase 1 und 2 und dann wieder nach Leistungsphase 3 und 4.

Das unter § 7 angesetzte Zahlungsziel von 7 Werktagen ist sehr knapp bemessen. Ein Kompromiss in der Mitte von 14 Werktagen (üblich nach BGB sind 30 Tage) könnte hier eine Möglichkeit sein. Denn Sie müssen sich vor einer Zahlung ja auch mit den erbrachten Leistungen des Architekten auseinandersetzen und prüfen, ob die erbrachten Leistungen auch den Vereinbarungen entsprechen und die Leistung dann abnehmen. Grundsätzlich müssen Rechnungen von Architekten prüffähig sein. Das heißt, Sie müssen transparent und nachvollziehbar prüfen können, ob die Abrechnung sachlich und rechnerisch stimmt. Die Rechtsprechung des BGH hält dafür einen Prüfzeitraum von maximal zwei Monaten für angemessen. Ist allerdings ein kürzerer Zeitraum vereinbart, sollte man sich an ihn halten. 7 Werktage sind jedoch definitiv viel zu kurz.

§ 8 Termine

Das Baugesuch soll bis Ende des laufenden Jahres eingereicht werden. Mit dem Bauvorhaben soll im Frühjahr nächsten Jahres begonnen werden.

Erläuterung

Die Vereinbarung in § 8 ist unzureichend. Es sollte nach Möglichkeit ein fester Termin vereinbart werden, bis wann das Baugesuch eingereicht oder ein Kenntnisgabeverfahren in Gang gesetzt wird. Außerdem sollte festgehalten werden, in welcher Frist nach Erteilung des Baugesuchs oder Ingangsetzung eines Kenntnisgabeverfahrens das Bauvorhaben abgeschlossen ist.

Wird im Architektenvertrag gar kein Termin vereinbart und gibt es auch keinen verbindlichen Bauzeitenplan, der Vertragsbestandteil ist, haben Sie im Falle von Bauverzögerungen kaum die Möglichkeit, wirksam dagegen einzuschreiten.

§ 9 Baukosten

Die exakten Kosten des Bauvorhabens werden zwischen AG und AN nach Rücklauf der Ausschreibungen festgelegt.

Erläuterung

Die unter § 9 festgelegten Vereinbarungen sind unzureichend. Auch wenn zum Zeitpunkt des Vertragsabschlusses mit dem Architekten noch gar keine Kostenschätzungen vorliegen, ist es aber doch so, dass Sie wahrscheinlich nur ein bestimmtes Budget für den Umbau zur Verfügung haben. Dann muss vereinbart werden, dass der Umbau mit sämtlichen Leistungen, inklusive Architektenhonorar und Mehrwertsteuer, diesen Betrag nicht übersteigen darf. Nur so haben Sie die Möglichkeit, im Falle von Budgetüberschreitungen, die nicht auf Ihre Eingriffe oder Wünsche zurückgehen, wirksam handeln zu können. Denn Architekten dürfen aufgrund ihrer Vermögenssicherungspflicht gegenüber Bauherren Budgetvorgaben nicht einfach überschreiten.

§ 10 Versicherung

Der AN bestätigt, dass er eine Berufshaftpflichtversicherung abgeschlossen hat.

Erläuterung

Noch besser wäre es, wenn von der Versicherung des AN eine Bestätigung über die bestehende Versicherungspolice vorläge.. Es hat sich daher in der Praxis bewährt, dass man sich mit Vertragsabschluss auch die Versicherung und die Versicherungsnummer des Architekten geben lässt oder einfach mit in den Vertrag aufnimmt. Es hat sich zudem als sinnvoll erwiesen, bei der Versicherung anzurufen und sich bestätigen zu lassen, dass die Versicherung auch tatsächlich besteht und keine Beiträge ausstehen.

Sie sollten das offen mit Ihrem Architekten besprechen. Das soll kein Misstrauensvotum gegenüber dem Architekten sein, sondern nur eine schlichte, transparente Rückversicherung für Sie als Bauherrn. Das wird den Architekten vielleicht nicht freuen und in den meisten Fällen machen Bauherren das auch nicht, weil es ihnen unangenehm ist. Falls dann allerdings etwas schiefgeht und die Versicherung des Architekten in Anspruch genommen werden muss, können Probleme schon damit beginnen, dass Sie den Versicherer des Architekten und die Versicherungsnummer gar nicht kennen.

Auch stellt sich bei der Regelung in § 10 natürlich die Frage, bis zu welcher Schadenshöhe der Architekt versichert ist. Die Sachschadenshöhe sollte den Wert der Baumaßnahmen übersteigen. Bei Umbauten kann es auch notwendig werden, dass der Wert der Bestandsimmobilie in der Höhe der Versicherungssumme erfasst ist. Personenschäden werden bei kleineren Bauvorhaben üblicherweise mit 2 Millionen Euro versichert.

§ 11 Abnahme und Gewährleistung

> Der Bauherr ist verpflichtet, die Handwerker- und Architektenleistungen nach Aufforderung abzunehmen. Mit der Abnahme beginnt die Gewährleistung. Die Ansprüche des Bauherrn verjähren nach Ablauf von fünf Jahren.

Erläuterung

§ 11 enthält keine ungewöhnliche Regelung. Vereinbart werden sollte aber eine sogenannte förmliche Abnahme. Sie sind, wie bereits erwähnt, schon von Gesetzes wegen verpflichtet, erbrachte Leistungen auf Aufforderung abzunehmen, es sei denn, dem stehen berechtigte Gründe entgegen. Also etwa eine sehr gefährlich montierte Elektroinstallation. Fachliche Mängel müssen Sie durch einen Vorbehalt im Abnahmeprotokoll sichern, damit Ihnen die Gewährleistungsrechte aus diesen Mängel – trotz erfolgter Abnahme – nicht verloren gehen.

§ 12 Dokumente und Unterlagen

> Die Rechte an den Planunterlagen verbleiben beim AN.

Erläuterung

Die hier unter § 12 getroffene Regelung ist unzureichend. Denn faktisch wird damit ja festgelegt, dass alle Rechte an den Planunterlagen beim Architekten, dem Auftragnehmer (AN), verbleiben. Da Sie aber die Planung beauftragt haben, sollten Sie auch das Recht an den Plänen haben. Nicht etwa das Urheberrecht, das bleibt selbstverständlich beim Architekten, aber das Nutzungsrecht.

Selten wird auch geregelt, dass dem Bauherrn ein vollständiger Plansatz der Entwurfs- und Ausführungspläne (zum Beispiel in ausgedruckter Version, im gefalteten DIN-A-4-Format, gegebenenfalls auch zweifach) zu übergeben ist. Möglicherweise wollen Sie die Pläne zusätzlich auch elektronisch haben. Als CAD-Datei und / oder als PDF. Auch das kann man selbstverständlich vereinbaren. Eine bindende Regelung zur Übergabe von CAD-Daten ist grundsätzlich sinnvoll und sehr wichtig, falls Sie zum Beispiel nach der Leistungsphase 4 zu einem anderen Architekten wechseln. So wie mit den Plänen sollte man mit allen Unterlagen verfahren, also auch mit den Ausschreibungsunterlagen. Und auch eine Kopie des Bautagebuchs des Architekten ist ein sehr wichtiges

Dokument, dessen Übergabe Sie vereinbaren sollten.

§ 13 Urheberrecht

> Das Urheberrecht an den Planungen verbleibt beim AN. Ohne seine Einwilligung dürfen Änderungen an der Planung, Weiternutzungen der Planungen oder Umbauten an seinem Werk nicht erfolgen.

Erläuterung

Mit § 13 werden sehr weitgehende Einschränkungen vorgenommen, die Sie bei der zukünftigen Nutzung der Pläne und des Bauwerks stark einschränken würden. Das ist nicht gerechtfertigt. Es könnte ja sein, dass Sie nach Leistungsphase 4 der HOAI (Genehmigungsplanung) nicht mehr mit dem Architekten weiterarbeiten wollen und ein neuer Architekt leichte Anpassungen in der folgenden Ausführungsplanung vornehmen möchte. Dann müsste in diesem Falle Ihr bisheriger Architekt sein Einverständnis geben. Oder aber Sie wollen eventuell einige Jahre nach Abschluss des Umbauvorhabens erneut umbauen. Auch dann müssten Sie Ihren damaligen Architekten, nach den hier getroffenen Regelungen, ja zunächst fragen. Auch das ist nicht sinnvoll und daher sollte man solche Regelungen besser ersatzlos streichen.

§ 14 Werbung

> Der AN darf zu Werbezwecken ein Schild auf dem Grundstück des AG bis sechs Monate nach Bauabschluss aufstellen und Bilder und Pläne des Bauvorhabens unbefristet zu Werbezwecken im Internet und anderen Medien publizieren.

Erläuterung

Die hier getroffenen Regelungen sollten Sie sich gut überlegen. Ein Bauschild, das noch sechs Monate lang in Ihrem Garten herumsteht ist das eine. Das andere ist: Kommt es während der Bauzeit zu schweren Konflikten mit dem Architekten und er hat trotzdem das Recht, mit dem betreffenden Hausumbau zu werben, hat das schon manchen Bauherrn sehr verärgert. Nach den oben getroffenen Regelungen hätte der Architekt dieses Recht unbefristet und in allen Medien. Besser ist es, solche Regelungen erst dann zu treffen, wenn das Umbauvorhaben auch gut lief und erfolgreich abgeschlossen werden konnte.

§ 15 Schlichtung

> AG und AN unterwerfen sich im Falle von Streitfällen unwiderruflich der Schlichtung des Schlichters Dr. Schmidt in Schmidthausen.
>
> Der Schlichterspruch des Schlichters wird rechtlich verbindlich anerkannt.
>
> Auf Rechtsmittel außerhalb der Schlichtung verzichten AG und AN verbindlich und unwiderruflich.

Erläuterung

Die in § 15 vorgesehene Schlichtungsregelung ist verbindlich. Sie hätten in einem Streitfall die Pflicht, sich in eine Schlichtung zu begeben und den Schlichterspruch verbindlich anzuerkennen. Rechtsmittel dagegen wären nicht möglich.

Eine vertraglich geregelte Schlichtung als freiwillige Option kann durchaus sinnvoll sein. Sie sollte aber nach Möglichkeiten nicht grundsätzlich den Rechtsweg versperren.

Zentral ist bei jeder Schlichtung neben der Freiwilligkeit der Teilnahme natürlich auch die Person des Schlichters. In der Regelung unter § 15 handelt es sich um einen Herrn „Dr. Schmidt in Schmidthausen". Da stellt sich natürlich sofort die Frage, ob Sie die Person überhaupt kennen und sich einen Eindruck von ihr machen konnten. Vielleicht kennt der Architekt diese Person gut und hat zu ihr bereits Vertrauen gewonnen. Ob das aber bei Ihnen auch so sein wird, ist ja völlig unklar. Die Person des Schlichters sollte daher beiden Vertragspartnern entweder vor Vertragsabschluss gut bekannt sein oder später gemeinsam ausgewählt werden können.

§ 16 Kündigungsregelungen

> Eine Vertragskündigung ist nur im Falle eines unüberbrückbaren Zerwürfnisses möglich. Dem AN ist in diesem Falle der entgangen Gewinne zu ersetzen.

Erläuterung

Die hier getroffene Regelung zur Kündigung ist sehr zweifelhaft. Denn dann müssten Sie im Falle einer Kündigung ja nachweisen, dass ein unüberbrückbares Zerwürfnis vorliegt. Die Kündigung von Architektenverträgen ist ohnehin ein heikles Thema. Die phasenweise Beauftragung des Architekten, also zumindest die Leistungsphasen 1 bis 4 und 5 bis 8 der HOAI separat, kann helfen, das Kündigungsproblem etwas einzuschränken. Denn Sie erhalten ja bereits während der Leistungsphasen 1 bis 4 einen Eindruck vom Architekten und können dann beurteilen, ob Sie mit ihm auch in die bauliche Umsetzung des Projektes gehen wollen. Haben Sie hingegen mit ihm von vornherein alle Leistungsphasen vereinbart und es kommt schon früh zu Ärger, kann eine Kündigung natürlich heikel sein.

Wenn man Kündigungsregelungen in einen Vertrag aufnimmt, dann sollten sie möglichst klar verfasst werden und einfach überprüfbar sein. Zudem sollte nicht jede Kleinigkeit zu einer Kündigung berechtigen, denn das könnte ja auch Sie treffen und Sie stünden dann plötzlich ohne Architekt da, nur weil Sie eine Bagatelle übersehen haben.

Sind im Vertrag keine Kündigungsrechte fixiert, gibt es natürlich trotzdem die Möglichkeit der Vertragskündigung. Die Frage ist dann nur, ob eine Kündigung auch rechtmäßig und wirksam war und einer gerichtlichen Überprüfung standhält.

Aber für Vertragskündigungen gilt ohnehin, dass man davor immer grundsätzlich mit einem Fachanwalt für Bau- und Architektenrecht über die Konsequenzen im individuellen Fall sprechen sollte. Denn eine Kündigung kann – je nach Situation – auch ein großer Fehler sein, mit dem ein Fachanwalt im Nachgang dann unter Umständen seine liebe Mühe hat.

Beispiel 2: Formularvertrag

Vertragspartner:

Die Vertragspartner

____

____

____

____

____

____

schließen folgenden Architektenvertrag:

Erläuterung

Unter dem Punkt Vertragspartner ist einzutragen, wer mit wem den Vertrag schließt. Hier muss neben Ihnen und gegebenenfalls Ihrem Partner / Ihrer Partnerin natürlich der Architekt beziehungsweise das Architekturbüro eingetragen werden, mit dem Sie das Projekt umsetzen und den Vertrag schließen wollen. Hinweis: Auch Architekten können sich in der Rechtsform einer GmbH organisieren. Diese sind haftungsbeschränkt.

§ 1 Vertragsgegenstand

Gegenstand des Vertrages sind folgende Planungs- und Bauüberwachungsleistungen an folgendem Gebäude:

____

____

____

____

Erläuterung

Unter § 1 sollen die Planungs- und Bauüberwachungsleistungen, die zu erbringen sind, eingetragen werden. Hierzu gehören der Planungsinhalt (Welcher Umbau soll genau geplant werden? Welche Kosten – Baukosten brutto inklusive aller Nebenkosten samt Architekten- und Fachingenieurkosten – sind einzuhalten?). Außerdem können hier Planungs- und Bauüberwachungsabläufe aufgenommen werden (zum Beispiel zeitliche Vorgaben, bis wann, welcher Projektstand erreicht sein soll – Entwurf, Genehmigungsplanung, Bauumsetzung). Auch Regelungen zur Anwesenheit auf der Baustelle oder zur Häufigkeit der Baustellenbesuche können hier Eingang finden. Nicht zuletzt die Vereinbarung wöchentlicher Jour-Fixe-Termine zwischen Ihnen und dem Architekten sollte hier getroffen werden.

Die Erfahrung zeigt, dass das häufig viel zu oberflächlich gehandhabt wird und nachher Unklarheit darüber besteht, was genau in welchem Umfang erbracht werden sollte. Daher ist hier höchst sorgfältiges Ausfüllen, nötigenfalls auch als umfangreichere Anlage zum Vertrag, sehr sinnvoll.

§ 2 Leistungen des Architekten

Der Architekt wird mit der Erbringung der folgenden Leistungsbilder nach der Honorarordnung für Architekten und Ingenieure in der jeweils aktuellen Fassung beauftragt:

- ☐ Leistungsphase 1
- ☐ Leistungsphase 2
- ☐ Leistungsphase 3
- ☐ Leistungsphase 4
- ☐ Leistungsphase 5

☐ Leistungsphase 6
☐ Leistungsphase 7
☐ Leistungsphase 8
☐ Leistungsphase 9

Darüber hinaus werden folgende Leistungen beauftragt:

____

____

____

____

____

Erläuterung

In § 2 wird konkret vereinbart, welche Leistungsphasen nach der HOAI der Architekt zu erbringen hat. Vergessen Sie hier ein Kreuzchen, ist diese Leistungsphase durch den Architekten auch nicht zu erbringen. Hier zeigt sich auch das generelle Problem von Formularverträgen: Sie müssen sehr genau darauf achten, was Sie ankreuzen und was nicht. Denn sehr klein gesetzte oder nicht gesetzte Kreuzchen entscheiden am Ende in erheblichem Maße über die Ausgestaltung des Architektenvertrages. Da kann man natürlich schnell auch mal etwas übersehen. Auch sollte darauf geachtet werden, dass keine widersprüchlichen Regelungen getroffen werden. So verträgt sich die Vereinbarung einer Nebenkostenpauschale nicht mit einer an anderer Stelle getroffenen Klausel, dass diese Nebenkosten auf Nachweis erstattet werden.

§ 3 Leistungen des Bauherrn

Der Bauherr fördert und unterstützt die Arbeit des Architekten in allen Belangen. Das gilt insbesondere für zügige Entscheidungsfindungen, nötigenfalls nach Fristsetzung des Architekten, Klärung und Lösung aller behördlichen Angelegenheiten, notwendige Beauftragung von Sonderfachleuten und Handwerksbetrieben, Abnahme von Architekten- und Handwerkerleistungen sowie die Zahlung fälliger Rechnungen.

Der Bauherr hat eine Bauherrenhaftpflichtversicherung abzuschließen.

Der Bauherr nimmt die Leistungen der Unternehmer rechtsgeschäftlich ab.

Erläuterung

§ 3 enthält keine ungewöhnlichen Regelungen. Denn natürlich ist der Architekt auf Ihre Mithilfe und Unterstützung angewiesen. Es gibt in diesem Paragraphen auch keine Variantenbildung durch Ankreuzen, die Risiken bergen könnten. Die Aufgabenstellung, dass der Bauherr die Leistungen der Handwerker „rechtsgeschäftlich" abnimmt, beinhaltet, dass er die Leistung als im Wesentlichen vertragsgerecht anerkennt. Liegen Vertragsverletzungen vor (zum Beispiel eine Bauzeitenüberschreitung), sind Vorbehalte im Abnahmeprotokoll notwendig. Bei schwerwiegenden Vertragsverletzungen (wie Leistungserbringung durch Subunternehmer statt durch das eigene Unternehmen, obwohl dies vertraglich klar ausgeschlossen war) kann die Abnahme sogar ganz in Frage stehen. Demgegenüber ist der Architekt dann nur zuständig für die „technische" Abnahme, also für die Beurteilung, ob die Leistung fachgemäß erbracht wurde. Das ist in der Praxis aber meist der wesentliche Part, bei dem Sie die fachliche Unterstützung durch den Architekten benötigen.

§ 4 Honorar

Folgendes Honorar nach der HOAI in der aktuellen Fassung wird vereinbart:

Honorarzone:
☐ I unten
☐ I mitte
☐ I oben

☐ II unten
☐ II mitte
☐ II oben

☐ III unten
☐ III mitte
☐ III oben

☐ IV unten
☐ IV mitte
☐ IV oben

☐ V unten
☐ V mitte
☐ V oben

Honorarsatz:
☐ Mindestsatz
☐ Mittelsatz
☐ Höchstsatz
☐ Pauschalsatz ________________ Euro

Folgende Honorarzuschläge für zusätzliche Leistungen (siehe § 2) werden vereinbart:

____

____

____

____

____

Für Nebenkosten werden berechnet:
☐ Insgesamt mit einer Pauschale von _________ Prozent des Nettohonorars.

Wie nachfolgend aufgeführt:

Porto:
☐ Pauschal: ________________ (Euro netto)
☐ Auf Nachweis

Telefon:
☐ Pauschal: ________________ (Euro netto)
☐ Auf Nachweis

Kopien:
☐ Pauschal: ________________ (Euro netto)
☐ Auf Nachweis

Fahrtkosten:
☐ Pauschal: ________________ (Euro netto)
☐ Auf Nachweis

Erläuterung

Die Regelungen in § 4 werden fast ausschließlich durch zu setzende Kreuzchen bestimmt, die über viele Tausend Euro entscheiden. Im Einfamilienhausbau arbeitet man üblicherweise mit der Honorarzone III (nach HOAI-Definition handelt es sich bei der Honorarzone III um „durchschnittliche Planungsanforderungen“). Will der Architekt hier die Honorarzone IV ankreuzen, sollte er dies begründen, denn sie steht nach HOAI-Definition bereits für „hohe Anforderungen“, die bei Umbauten von Einfamilienhäusern üblicherweise nicht vorliegen.

Auch bei Honorarzuschlägen, etwa Umbauzuschlägen, sollten Sie darauf achten, was dort eingetragen wird. Denn im Honorar ist gemäß HOAI im Umbaufall automatisch bereits ein Umbauzuschlag von 20 Prozent anrechenbar, wenn dazu keine anderweitige, abweichende Regelung getroffen wurde, zum Beispiel dass ein Umbauzuschlag ausdrücklich nicht vereinbart ist. Der Umbauzuschlag darf gemäß HOAI sogar 33 Prozent (für Gebäudeumbauten) bis 50 Prozent (für Innenumbauten) des Honorars betragen, wenn dies vereinbart wird.

Nach der HOAI dürfen gewisse Festlegungen, etwa die Vereinbarung eines Pauschalhonorars, nur zu einem bestimmten Zeitpunkt vereinbart werden, nämlich bei Auftragserteilung. Eine spätere Regelung ist unwirksam.

§ 5 Urheberrechte, Dokumente, Werbung

> Die Urheberrechte an den erstellten Plänen und dem Bauwerk richten sich nach den gesetzlichen Regelungen und verbleiben beim Architekten.
>
> Die Leistungen des Architekten dürfen nur für das vertraglich vereinbarte Bauwerk genutzt werden.
>
> Der Bauherr kann die Herausgabe von Dokumenten in Kopie beziehungsweise als PDF-Dokument verlangen. Originale oder Originaldateien verbleiben beim Architekten.
>
> Der Architekt ist verpflichtet, Dokumente zehn Jahre aufzubewahren. Danach kann er sie auch ohne Einwilligung des Bauherrn entsorgen. Vor deren Vernichtung hat er sie dem Bauherrn anzubieten.
>
> Der Architekt ist berechtigt, mit Fotos des hergestellten Werks öffentlich und zeitlich unbeschränkt für seine Leistungen zu werben.

Erläuterung

§ 5 enthält die Regelung, dass Sie keine Originaldokumente, sondern Kopien erhalten, diese jedoch nur im PDF-Format. Das ist kein bearbeitungsfähiges CAD-Format. Wenn Sie ein solches wollten, müsste dies (also das CAD-Dateiformat, in dem die Pläne übergeben werden sollen) hier vereinbart werden. Möglicherweise wollen Sie auch die Dokumentenentsorgung anders regeln, zum Beispiel so, dass Sie Ihnen nach 10 Jahren übergeben werden. Und schließlich ist es möglich, dass sie der Werbung mit Ihrem Haus gar nicht oder nur zeitlich beschränkt zustimmen.

§ 6 Termine, Verzögerungen, Unterbrechungen

> Der Architekt wird einen Bauzeitenplan zur Durchführung des Bauvorhabens erstellen. Der Bauherr wird sicherstellen, dass keine Handlungen oder Unterlassungen seinerseits erfolgen, die diese Termine gefährden.
>
> Verzögert sich die Bauzeit erheblich und hat der Architekt dies nicht zu vertreten, ist ihm für die Verlängerung eine angemessene Vergütung zu zahlen, mindestens aber ________________ Euro pro Woche.
>
> Bei nicht absehbaren Unterbrechungen der Bauzeit, die der Architekt nicht zu vertreten hat, ist er berechtigt, seine bis dahin erbrachten Leistungen abzurechnen und den Vertrag zu kündigen.

Erläuterung

Inwieweit Sie den in § 6 getroffenen Regelungen zustimmen wollen, hängt auch sehr vom jeweiligen Bauvorhaben ab. Falls Sie diese Regelungen allerdings nicht im Vertrag haben wollen, müssen sie gut sichtbar durchgestrichen und von beiden Vertragsparteien mit Datum gegengezeichnet werden, um nachvollziehbar kenntlich zu machen, dass diese Regelungen nicht vereinbart wurden. Praktisch besteht die Schwierigkeit darin, dass die Ursache für Bauzeitverzögerungen oftmals nicht wirklich ausgemacht werden kann. Arbeitsverzögerungen der Handwerker können an deren schlechter Organisation oder an der fehlenden Zuarbeit des Architekten liegen, oder daran, dass fällige Rechnungen nicht zeitnah von Ihnen bezahlt wurden.

§ 7 Mängel, Haftung und Aufrechnung

Mängelansprüche des Bauherrn richten sich nach den gesetzlichen Vorgaben.

Für unwesentliche Vertragspflichtverletzungen beschränkt sich die Haftung des Architekten auf ________________ Euro.

Der Bauherr kann nur mit unbestrittenen und rechtskräftig festgestellten Forderungen gegenüber dem Architekten aufrechnen.

Erläuterung

Auch für § 7 gilt, dass Sie einer Haftungsbeschränkung des Architekten möglicherweise nicht zustimmen möchten. Dann müsste auch hier eine Streichung erfolgen.

Auch die Vereinbarung zum Aufrechnungsverbot möchten Sie möglicherweise nicht treffen, dann müsste auch diese gestrichen werden. Beim Aufrechnungsverbot geht es darum, dass Sie nicht bei irgendeiner Zahlung an den Architekten Kürzungen vornehmen können für schlecht oder nicht erbrachte Leistungen des Architekten an anderer Stelle, wenn diese nicht zuvor gerichtlich rechtskräftig als solche bestätigt wurden.

§ 8 Abnahme und Gewährleistung

Der Bauherr ist verpflichtet die Handwerker- und Architektenleistungen nach Aufforderung abzunehmen. Mit der Abnahme beginnt die Gewährleistung. Die Ansprüche des Bauherrn verjähren nach Ablauf von fünf Jahren.

Erläuterung

Wie erwähnt, sind Sie schon von Gesetzes wegen zur Abnahme erbrachter Leistungen verpflichtet, wenn dem nicht schwerwiegende Gründe entgegenstehen. Das wäre zum Beispiel dann der Fall, wenn der Umbau aufgrund statischer Probleme gar nicht bezugsfähig wäre. Die Regelungen in § 8 sind weitgehend unproblematisch. Allerdings stellt sich natürlich die Frage, in welcher Form Sie zur Abnahme aufgeforderte werden (mündlich? schriftlich?) und mit welchem Vorlauf (24 Stunden? 14 Werktage?). Ferner könnte natürlich auch geregelt werden, dass der Architekt Sie bei den Abnahmen der Handwerkerarbeiten unterstützt und bei den Abnahmen generell mit vor Ort ist. Außerdem sollte es sich immer um sogenannte förmliche Abnahmen handeln.

§ 9 Kündigung

Die Kündigung bedarf der Schriftform.

Kündigt der Bauherr vor abgeschlossener Vertragserfüllung durch den Architekten, steht diesem das vollständige Honorar zu. Er muss sich nur dasjenige anrechnen lassen, was ihm durch die Vertragskündigung an Aufwand erspart bleibt oder durch anderweitige Tätigkeit erworben werden kann.

Kündigt der Architekt vor abgeschlossener Vertragserfüllung, ist er berechtigt, alle bis dahin erbrachten Leistungen abzurechnen.

Erläuterung

Der Kündigungsparagraph 9 regelt die Rechte des Architekten, wenn ihm gekündigt wird und wenn er selbst kündigt. Die Rechte des Bauherrn werden nicht geregelt. Die hier getroffenen Regelungen zu den Rechten des Architekten im Kündigungsfall enthalten allerdings nichts, was nicht auch gesetzlich geregelt wäre. Die Kündigung eines Architektenvertrages sollte nie unüberlegt aus einer Emotion heraus erfolgen. Denn der Architekt schuldet Ihnen einen Werkerfolg. Kündigen Sie seinen Vertrag, werden die bis dahin erbrachten Leistungen schlussgerechnet und dem Architekten stehen möglicherweise darüber hinaus noch Schadensersatzansprüche zu. Der zu erbringende Werkerfolg muss dann auch nicht mehr fertig erbracht werden, wie er vertraglich vereinbart war. Das kann für Sie erhebliche Nachteile haben. Vor jeder Kündigung eines Werkvertrages mit einem Architekten oder auch Handwerkern sollte daher immer entweder ein Fachanwalt für Bau- und Architektenrecht konsultiert werden oder ein Anwalt mit Tätigkeitsschwerpunkt im Bau- und Architektenrecht. Denn wenn eine Kündigung vor einer solchen Konsultation erfolgt ist, kann es für den Anwalt ungleich schwerer werden, Ihre Ansprüche vernünftig durchzusetzen. Und auch bei der Kündigung selbst kann einiges schiefgehen: Gegebenenfalls kann sich nachher herausstellen, dass Sie eine Kündigung erst durch eine Abmahnung oder Fristsetzung hätten vorbereiten müssen. Da man dies nicht nachholen kann, ist ein solches Versäumnis eventuell folgenschwer.

§ 10 Versicherung des Architekten

Der Architekt ist verpflichtet, dem Bauherrn eine Haftpflichtversicherung nachzuweisen. Die Deckungssummen dieser Versicherungen betragen:
Für Personenschäden in Höhe von:

____

Für Sachschäden in Höhe von:

____

Erläuterung

Unter § 10 ist nicht klar geregelt, wie der Architekt seine Haftpflichtversicherung nachweist. Sinnvollerweise sollte der Architekt Ihnen gegenüber seine Haftpflichtversicherung transparent benennen. Also das Versicherungsunternehmen und die Versicherungsnummer, unter der seine Versicherung geführt wird. Noch besser ist es, wenn die Versicherung selber die Haftpflichtversicherung des Architekten bestätigt und auch bescheinigt, dass aktuell keine Versicherungsbeiträge ausstehen. Die Höhe der versicherten Schadenssumme richtet sich natürlich immer auch nach der Größe der

Bauvorhaben, die ein Architekt üblicherweise betreut. Aber selbst bei kleinen Bauvorhaben liegen die versicherten Summen heute selten unter 1,5 bis 2 Millionen Euro für Personenschäden und bei Sachschäden zumindest oberhalb der veranschlagten Bau- bzw. Umbaukaukosten.

§ 11 Schlussbestimmungen

Änderungen und Ergänzungen des Vertrages sollen schriftlich erfolgen.

Erläuterung

§ 11 enthält eine Soll-Bestimmung, keine Muss-Bestimmung. Eine Muss-Bestimmung könnte an dieser Stelle auch unwirksam sein, daher ist die Soll-Bestimmung hier als Option eine Näherung an das, an was sich beide Seiten halten sollen.

Checkliste Architektenvertrag

Nachfolgend finden Sie eine Checkliste mit einer Auswahl wichtiger Punkte, die in einem Architektenvertrag detailliert geregelt sein sollten, bevor man ihn unterzeichnet.

Inhaltliche Regelung	Detailliert geregelt? „Ja“	Detailliert geregelt? „Nein“
Vertragsgrundlagen		
Leistungsumfang (gegebenenfalls nur phasenweise)		
Leistungsänderungen / zusätzliche Leistungen		
Nebenleistungen		
Honorar		
Zahlungen		
Termine		
Sämtliche Kosten (inklusive Honorar- und Nebenkosten, Grundstückskosten und Honorarkosten als Kostengrenze zu brutto benannt und bindend vereinbart?)		
Umbauzuschlag		
Baustellen-Anwesenheit / Jour-Fixe		
Haftpflichtversicherung Architekt		
Dokumenten- und Unterlagenübergabe		
Urheberrecht		
Werbung		
Schlichtungsregelungen		
Kündigungsregelung		

Wichtiger Hinweis

Trotz der Hilfen in diesem Buch sollten Sie einen Architektenvertrag möglichst nicht unterzeichnen, ohne dass ein Fachanwalt für Bau- und Architektenrecht diesen präventiv durchgesehen und geprüft hat. Ein solcher Fachanwalt ist im Umgang mit Architektenverträgen geübt und kann eine Prüfung eines durchschnittlichen Vertrages in einem Zeitraum von etwa zwei Stunden gut bewältigen. Fügt sich noch eine Besprechung von ein bis zwei Stunden daran an und hat der Anwalt einen Stundensatz von 200 bis 250 Euro, investieren Sie insgesamt ca. 600 bis 1.000 Euro, die sehr gut angelegt sind. Denn Sie können dadurch frühzeitig und präventiv alle kritischen Vertragspunkte klären lassen.

Sollte es später dann doch zu Auseinandersetzungen mit dem Architekten kommen, haben Sie bereits einen Fachanwalt an der Hand, der auch schon den Vertrag kennt und gegebenenfalls bereits Einfluss auf die Inhalte nehmen konnte. Die Verbraucherzentrale Nordrhein-Westfalen bietet die schriftliche Prüfung von Architektenverträgen zu Sonderkonditionen an. Sie finden das Angebot online unter:

www.vz-nrw.de/Pruefung-von-Architektenvertraegen

Umbaukosten, Finanzierung und Förderung

Bevor man mit einem Umbau loslegen kann, müssen natürlich die voraussichtlichen Kosten und die möglichen Förderungen bekannt sein. Darauf aufbauend muss dann eine Finanzierung geplant werden. All das ist gar nicht so einfach und ohne externe Hilfe durch einen Fachberater – in diesem Falle einem erfahrenen Architekten – nur schwer zu machen.

Die Kostenschätzung bei Umbauten ist eine Kunst. Daher ist es sinnvoll, das vorhandene Eigenkapital zunächst einmal in eine gründliche Vorplanung zu stecken, auf deren Basis dann eine erste Kostenberechnung erfolgen kann. Im nächsten Schritt wird diese Planung detaillierter und kann schließlich dem zuständigen Baurechtsamt zur Genehmigung vorgelegt werden, soweit genehmigungspflichtige Umbauten geplant sind.

Wenn der Umbau genehmigt wurde wie geplant, sollte man die anfallenden Handwerkerarbeiten durch den Architekten ausschreiben lassen und den Angebotsrücklauf abwarten. Mit diesem Angebotsrücklauf haben Sie dann erstmals einen substanziellen Kostenüberblick. Wenn die Kosten an diesem Punkt zu hoch wären, könnten Sie Ihr Vorhaben immer noch abbrechen. Zwar fallen dann die Architektenkosten bis zu dieser Leistungsphase an, wenn Sie einen nach Leistungsphasen gestaffelten Architektenvertrag abgeschlossen haben, aber diese Investition hätte Sie dann zumindest vor viel weitreichenderen Fehlinvestitionen bewahrt.

Erste Planungen und Kostenberechnung

Wenn Sie mit dem Architekten handelseinig geworden sind und der Vertrag unterzeichnet ist, geht es los. Der Architekt kann auf Grundlage Ihrer Überlegungen eine vertiefte Hausuntersuchung vornehmen und gemeinsam mit Ihnen Lösungsansätze diskutieren und erste Vorschläge machen. Im Beispiel der Familie Müller würde der Architekt also die Überlegungen zur Neunutzung des Erdgeschosses, des Obergeschosses und des Dachgeschosses aufgreifen und überprüfen, in welcher Form und mit welchem Aufwand dies möglich ist. Insbesondere sollte ein Architekt versuchen, eine möglichst optimale Umbaulösung bei geringem Umbauaufwand zu erreichen. Das heißt zum Beispiel, tragende Wände sollten nicht unnötig entfernt und Treppen nicht unnötig verlegt werden. Andererseits kann es natürlich durchaus sein, dass tragende Wände, Treppen oder Decken sehr guten Lösungen im Weg stehen. Dann sollte man sich auch nicht scheuen, diese sehr guten Lösungen anzustreben. Nur unnötiger Abriss und Neuaufbau sollte vermieden werden.

Der Architekt wird irgendwann beginnen, erste Skizzen anzufertigen und konkrete Lösungsvorschläge mit Ihnen zu diskutieren. Erst wenn diese Lösungsvorschläge abgestimmt sind, ist es sinnvoll, dass er sich intensiver mit den voraussichtlichen Kosten befasst. Denn für den planenden Architekten ist es natürlich wichtig, zunächst einmal eine planerische Grundlage für die Kostenermittlung zu haben, also zu wissen, welche Arbeiten überhaupt anfallen, wie viel Bausubstanz zurückgebaut und in welcher Form wieder neu aufgebaut werden muss. Diese planerische Grundlage ist auch wichtig für die weitere Untersuchung des Bestandsgebäudes. Soll beispielsweise eine Decke durchgebrochen werden, für eine neue Treppe oder Ähnliches, dann muss sich der Architekt damit auseinandersetzen, ob das statisch möglich ist und auf welche Bausubstanz er bei der Decke stößt – ist es also zum Beispiel eine Betondecke, eine Hohlziegeldecke oder Holzbalkendecke etc. Je nachdem, was er vorfindet, müssen Bauherr und Architekt mit anderen Vorgehensweisen und anderen Kosten rechnen.

Das ist auch die große Kunst beim Umbauen: die möglichst genaue Voruntersuchung des Bestandsgebäudes und das Öffnen aller Bauteile, wo immer nötig. Nur so kann man sich Klarheit darüber verschaffen, mit welcher Bausubstanz man es zu tun hat. Ein umbauerfahrener Architekt wird also eher mit alter Jeans, Meißel und Hammer zur Bauaufnahme anrücken als in feinem Zwirn.

Wenn die Planung abgestimmt und klar ist, mit welcher Bausubstanz und welchen statischen Problemen man es zu tun hat, kann man die erste **Kostenberechnung** vornehmen. Da Architekten zwar gehalten sind, Kostenermittlungen nach der DIN-Norm vorzunehmen (DIN 276), diese Norm aber nur für Neubauten angewandt werden kann, sind Kostenaussagen für Umbauvorhaben nicht einfach. Ein erfahrener Architekt aus Ihrer Region, der auch schon ähnliche Umbauten betreut hat, kann aber auf einen gewissen Erfahrungsschatz zurückgreifen und sich den realen Kosten eher nähern, als ein Architekt ohne Umbauerfahrung. Eine Methode, Umbaukosten zu ermitteln, ist die **Arbeitsschrittmethode**. Dabei wird jeder einzelne anfallende Arbeitsschritt aufgelistet und mit Zeitbedarf und Kosten unterlegt. Vor allem bei Rückbauarbeiten (wie etwa einem Deckendurchbruch oder einem Wandabriss oder auch Bodenbelagsentfernungen) ist dies eine Möglichkeit, die voraussichtlichen Kosten zu beziffern, wenn man aus ähnlichen Projekten Zeitbedarf und Kosten kennt. Ist dies nicht der Fall und stehen hohe Kostenrisiken im Raum, muss man nötigenfalls auch „Werkstattgespräche" mit Unternehmen vor Ort führen. Das heißt, man geht zum Beispiel mit einem Abbruchunternehmer durch das Gebäude und bittet ihn um Einschätzung des Zeitbedarfs für einzelne Arbeiten und die Anzahl der Personen, die dafür benötigt werden. Das größte Risiko bei Umbauvorhaben besteht immer darin, dass etwas deutlich aufwendiger gerät als gedacht, dadurch länger dauert und teurer wird. Beim Rückbau von Bauteilen sind die Arbeits- und Entsorgungskosten die größten Kostenfaktoren. Denn Materialkosten selbst entstehen beim Rückbau, also Abriss von Bauteilen, nicht.

Beispiel

Beim Ausbau einer alten Innentür fallen folgende Arbeitsschritte an:

- Aushängen des Türblatts und fachgerechte Entsorgung,
- Vorschneiden der Tapete und des Putzes rund um den alten Türrahmen,
- Entfernen des alten Türrahmens und fachgerechte Entsorgung,
- gegebenenfalls Putzausbesserungen im Leibungsbereich der Tür,
- gegebenenfalls Anpassungsarbeiten des Bodenbelags,
- gegebenenfalls Anpassungsarbeiten des Türausschnitts für eine neue Normtür (Erhöhung oder Verminderung Türsturz, Verbreiterung oder Verkleinerung des Türausschnitts).

Eine alte Innentür wie im Beispiel ist ein sehr einfaches und überschaubares Bauteil, das vor der Sanierung auch gut untersucht werden kann. Deutlich schwieriger wird es bei der Sanierung **verdeckter Bauteile**, etwa wenn Sie ein Haus umbauen wollen, das einen feuchten Keller hat. Man kann dann nicht sehen, wie der Keller von außen abgedichtet ist. Daher muss er im Rahmen einer Voruntersuchung aufgegraben und untersucht werden. Das Gleiche gilt für Dächer, die sie eventuell ausbauen oder sanieren wollen. Wenn diese von innen verkleidet sind, bleibt meist nichts übrig, als sie zu öffnen und nachzusehen, welche Schichten sich darunter befinden und in welchem Zustand sie sind. Nur so können Sie sich der Kostensicherheit nähern.

Erfolgt keine zuverlässige Gebäudeuntersuchung, verbleiben erhebliche Kostenrisiken für den Zeitraum der Baudurchführung. Denn dann kann es passieren, dass eine ganz andere Leistung ausgeschrieben wurde als die, die nun anfällt. In einem solchen Fall wird ein beauftragtes Handwerksunternehmen Nachtragsforderungen stellen. Diese sind meist saftig, weil das Unternehmen in einer guten Verhandlungsposition ist. Denn es hat den Auftrag ja bereits erhalten, stößt nun nur auf andere Bedingungen als ausgeschrieben. Gleichzeitig sind Sie in Zeitdruck und können nicht noch einmal alles von vorn beginnen oder für Zwischenarbeiten einfach ein anderes Unternehmen einschalten.

Wenn der Sie beratende Architekt Ihre Umbauüberlegungen kennt und einen konkreten Planungsvorschlag gemacht hat, sollte zunächst die umfassende Untersuchung der Bausubstanz erfolgen, orientiert an dem, was man umbauen will.

Dazu gehört die **Untersuchung** der

- Gebäudegründung,
- Kelleraußenwandabdichtung,
- Außenwände (Außenwandaufbau),
- Innenwände (tragende und nicht tragende Wände),
- Decken (Deckenaufbau),
- Statik,
- Installationen (Heizung, Sanitär, Elektro),
- Dachkonstruktion und des Dachaufbaus.

Umbauten und/oder Sanierungen erfolgen üblicherweise an folgenden Bauteilen:

- Keller,
- Fassade,
- Fenster,
- Türen,
- Rollläden,
- Dach und Dachstuhl,
- Böden,
- Wände,
- Decken,
- Treppen,
- Heizungsinstallation,
- Sanitär-/Wasserinstallation,
- Elektroinstallation,
- Terrassen,
- Balkone.

Je nachdem, welches Bauteil in die Sanierung einbezogen wird, muss untersucht werden. Hat der Architekt auf diese Weise einen Überblick über die vorgefundenen Konstruktionsweisen und Baumaterialien gewonnen, kann er darauf und auf der Grundlage der Umbauplanung eine Schätzung vornehmen, wie viel der Umbau voraussichtlich kosten wird.

Eine wirkliche Sicherheit, was Ihr Umbau tatsächlich kostet, haben Sie aber erst, wenn die Ergebnisse der Handwerkerausschreibung vorliegen. Vorerst müssen Sie jedoch mit der Kostenberechnung leben und auf dieser Basis überlegen, ob Sie sich den Umbau überhaupt leisten können oder ob Sie zum Beispiel einige Umbauüberlegungen vorerst noch zurückstellen. Bevor Sie aber nun mit weiteren Maßnahmen beginnen, muss überprüft werden, welche Förderungen oder zinsgünstigen Finanzierungsprogramme Ihnen zustehen. Denn wenn Sie mit Ihrem Bauvorhaben beginnen, ohne dass zuvor eine solche Förderung oder ein zinsvergünstigter Kredit beantragt wurde, ist eine Förderung in den meisten Fällen nicht mehr möglich.

Finanzierung und Förderprogramme

Die Finanzierung eines Umbaus läuft ganz ähnlich wie die Finanzierung eines Neubaus. Man überprüft zunächst, wie viel **Eigenkapital** für einen Umbau zur Verfügung steht und setzt so viel wie möglich davon ein. Denn für alles geliehene Geld muss man Zinsen zahlen, was die Sache schlichtweg verteuert. Man kann zwar vergünstigte Kredite erhalten, aber auch deren Zinsen müssen gezahlt werden. Rechnungen, bei denen man überlegt, das eigene Geld höher verzinst anzulegen und sich einen ähnlichen Betrag niedrigverzinst zu leihen, sind nicht ganz ungefährlich, weil auch Entwicklungen eintreten können, die diese Rechnung nicht mehr aufgehen lassen.

Der wesentliche Unterschied bei Umbaufinanzierungen gegenüber Immobilienfinanzierungen besteht aber meist darin, dass bereits für den Kauf einer Immobilie praktisch das gesamte Eigenkapital aufgewendet wurde. Will man dann relativ bald nach dem Kauf einer gebrauchten Immobilie umfangreichere Umbauten vornehmen, ist dafür meist ein weiterer **Kredit** erforderlich, der nicht mit Eigenkapital unterlegt ist. Gerade in solchen Fällen, in denen bereits unmittelbar nach dem Kauf noch einmal eine größere Summe aufgenommen wird, muss man die zusätzlichen Belastungen sehr genau prüfen. In Frage kommen für solche Maßnahmen eigentlich auch nur zinsgünstige Kredite der Kreditanstalt für Wiederaufbau (KfW). Die KfW fördert vorrangig energetische Modernisierungen. Diese Kredite haben allerdings einen Höchstrahmen, den man bei der Kostenplanung von vornherein beachten muss. Bei einigen Krediten sind das zum Beispiel 100.000 Euro pro Wohneinheit. Wobei die KfW auch Einzelmaßnahmen fördert, so etwa:

- Wärmedämmung,
- Erneuerung von Fenstern und Türen,
- Erneuerung oder Optimierung der Heizungsanlage,
- Erneuerung oder Einbau einer Lüftungsanlage.

Die Finanzierungsprogramme – und auch Zuschussprogramme, bei denen Sie keinen Kredit aufnehmen müssen, sondern einen Zuschuss erhalten, den Sie nicht zurückzahlen müssen – finden Sie auf der Internetseite der KfW unter **www.kfw.de**. Die Programme werden immer wieder überarbeitet und geändert, weshalb es wenig sinnvoll ist, an dieser Stelle zu tief ins Detail zu gehen. Die Programme werden auf der Internetseite der KfW jeweils auch ausführlich erläutert. Es gibt eine Vielzahl von Programmen. Das ist zunächst verwirrend und man benötigt eine Weile, bis man sie klar unterscheiden kann. Wenn Sie die Informationen gefunden haben, nehmen Sie sich genügend Zeit zum Durcharbeiten.

Die Kreditprogramme der KfW können nicht direkt über die KfW abgeschlossen werden, sondern nur über eine **Geschäftsbank**. Nicht jede Bank hat allerdings Interesse, auf die sehr günstigen KfW-Konditionen von sich aus hinzuweisen, deshalb sollten Sie die Programme der KfW auf alle Fälle gut kennen, bevor Sie einen Banktermin wahrnehmen. Banken sind nicht verpflichtet, KfW-Angebote umzusetzen. Bietet eine von Ihnen gewählte Bank ein solches Programm nicht an, können Sie eine andere Bank ansprechen, denn die KfW-Konditionen sind bei jeder „durchleitenden Bank" gleich. Einige Programme der KfW kann man auch kombinieren.

Außer der KfW, die eine bundesweit einheitliche Förderung betreibt, gibt es auch Landeskreditbanken. Diese betreiben Förderprogramme auf Länderebene. Es lohnt sich auch hier, nach möglichen aktuellen Förderungen und Konditionen zu suchen. Manche Landesförderungen lassen sich auch mit KfW-Förderungen kombinieren. Nachfolgend finden Sie eine Übersicht aller Bundesländer und der dazugehörigen Internetadressen der Landeskreditbanken.

Schließlich bestehen außer den Bundes- und Landesförderungen auch **Förderprogramme auf kommunaler oder Kreisebene**. Es lohnt sich also, bei der eigenen Kommune oder dem zuständigen Landratsamt nachzufragen, ob es Förderprogramme für Umbaumaßnahmen gibt. Die meisten Förderprogramme auf kommunaler oder Kreisebene betreffen ebenfalls die Förderung energetischer Maßnahmen. Reine Umbaumaßnahmen werden nur sehr selten gefördert. Ausgenommen sind meist nur Maßnahmen bei Denkmalschutzobjekten.

Wenn Sie Ihr Planungspaket und die ungefähren Kosten dafür kennen, können Sie im zweiten Schritt die möglichen Förderungen

Bundesland	Internetadresse
Baden-Württemberg	www.l-bank.de
Bayern	www.labo-bayern.de www.wohnen.bayern.de
Berlin	www.ibb.de
Brandenburg	www.ilb.de
Bremen	www.bab-bremen.de www.bauumwelt.bremen.de
Hamburg	www.wk-hamburg.de
Hessen	www.wibank.de
Mecklenburg-Vorpommern	www.lfi-mv.de
Niedersachsen	www.nbank.de
Nordrhein-Westfalen	www.nrwbank.de
Rheinland-Pfalz	www.isb.rlp.de
Saarland	www.sikb.de
Sachsen	www.sab.sachsen.de
Sachsen-Anhalt	www.ib-sachsen-anhalt.de
Schleswig-Holstein	www.ib-sh.de
Thüringen	www.aufbaubank.de

dafür zusammenstellen und so sehen, welche Summe Ihnen – zusammen mit eventuell noch vorhandenem Eigenkapital – für die Umbaumaßnahme insgesamt zur Verfügung steht. Wenn Sie zum Zeitpunkt des Umbaus nach wie vor Ratenzahlungen für Ihr Haus leisten müssen oder gar gerade erst beginnen, das Haus abzubezahlen, ist es sehr wichtig, alle monatlichen Belastungen nochmals zusammenzustellen und sehr sorgfältig zu prüfen, ob eine zusätzliche Belastung in der geplanten Höhe wirklich realistisch und möglich ist. Sonst hilft alles nichts und man muss mit einer Sanierung warten oder macht erste, einfache Dinge selbst, wie die Umgestaltung der Innenoberflächen (Böden, Wände, Decken).

Es gibt noch ein weiteres großes Problem bei Finanzierungen von Sanierungen: die **Überinvestition**. Dreh- und Angelpunkt jedes Immobilienwerts sind Lage und Größe der Immobilie. Ob die Immobilie auf den neuesten Stand saniert ist oder nicht, muss sich auf den Wert der Immobilie bzw. vor allem für den am Markt zu erzielendem **Verkaufspreis** gar nicht auswirken. Das unterscheidet Umbauten und Sanierungen auch ganz grundsätzlich von energetischen Modernisierungen. Bei einer energetischen Modernsierung kann sich das eingesetzte Kapital durch geringeren Energieverbrauch über die Jahre gegebenenfalls amortisieren. Das heißt, selbst wenn die Immobilie nach 25 Jahren keinen deutlich höheren Wert hat, kann sich die Investition trotzdem gerechnet haben, da eine erhebliche Ersparnis im Betrieb der Immobilie erreicht werden konnte. Das ist bei einem Umbau und einer Sanierung zur Eigennutzung anders. Wenn nur umgebaut oder saniert wird, ohne dass umfassend energetisch modernisiert wird, dann gibt es im laufenden Betrieb der Immobilie keinen Einspareffekt. Die Ausgaben für Umbau oder Modernisierung müssten dann beim Wiederverkauf durch einen höheren **Wiederverkaufswert** amortisiert werden. Ob ein höherer Verkaufspreis erzielt werden kann, ist aber sehr fraglich. Denn eine Immobilie, die an einem bestimmten Standort einen Wert von etwa 350.000 Euro hat, wird im Wert nicht zwangsläufig um 100.000 Euro steigen, nur weil man 100.000 Euro investiert hat.

Investiert man zu viel Geld in eine Immobilie in eigentlich nicht idealer Lage, wird man das investierte Geld beim Wiederverkauf der Immobilie wahrscheinlich nicht wieder hereinholen können. Das muss einen zwar nicht von einem umfassenden und kostenintensiven Umbau abhalten, aber man sollte sich dessen bewusst sein, dass ein Teil des Geldes dann einfach weg sein kann. Hinzu kommt auch, dass natürlich niemand weiß, wie der Immobilienmarkt am Standort Ihrer Immobilie in 20 oder 25 Jahren aussieht. Auch das kann positiven oder negativen Einfluss auf den Wiederverkaufswert Ihrer Immobilie haben. Ein Umbau oder eine Sanierung, die 100.000 Euro kostet, ist in einer durchschnittlichen Lage einer durchschnittlichen Stadt beim Wiederverkaufswert einer durchschnittlichen Einfamilienhaus-Immobilie aber eigentlich nie zu amortisieren. Maximal etwa 50.000 bis 70.000 Euro sind durchschnittliche Käufer bereit, für eine sanierte oder umgebaute Immobilie zusätzlich aufzuwenden, wenn sie in ähnlicher Lage eine unsanierte Immobilie erhalten können, die um die entsprechende Summe günstiger ist.

Käufer von Immobilien unterschätzen häufig Sanierungskosten und denken, mit wenigen Zehntausend Euro könnten sie relativ viel bewegen. Daher ist bei Umbau- und Sanierungsinvestitionen – vor allem bei Immobilien in nicht guter Lage – Vorsicht geboten, um keine Überinvestition auszulösen.

Sicherstellung der Finanzierung

Bevor mit den konkreten Planungen und der Baueingabe begonnen werden kann, muss die Finanzierung sichergestellt werden. Wenn der planende Architekt die voraussichtlichen Kosten des Umbauvorhabens also zusammengestellt hat, kann man mit Banken sprechen und einen zinsgünstigen Kredit der KfW und/oder der Landeskreditbanken beantragen. Denn Anträge werden generell nur bewilligt, wenn mit den Arbeiten noch nicht begonnen wurde. Erst wenn von den Förderbanken eine schriftliche Zusage kommt, ist es sinnvoll, weiterzumachen, denn sonst läuft man Gefahr, dass der Kreditantrag möglicherweise abgelehnt wird und man bereits sehr tief in der Planung steckt. Daher sollte man mit dem Architekten zunächst nur einen Vertrag bis zur Leistungsphase 2 schließen. Erhalten Sie dann keinen zinsvergünstigten Kredit, können Sie die weitere Zusammenarbeit mit dem Architekten problemlos beenden und müssen keine Kündigung eines Architektenvertrags aussprechen, der über alle Leistungsphasen läuft. In einem solchen Fall nämlich hätte der Architekt, wie erwähnt, unter anderem auch Anspruch auf entgangenen Gewinn.

Ein Umbau in Bildern

Bevor wir ins Detail gehen und Bauantrag sowie Ausschreibung der Handwerkerleistungen behandeln, hier eine kleine Bilderfolge eines komplexen Umbaus.

Ein gebrauchtes Haus wurde vom Keller bis zum Dach vollständig umgebaut. Das Beispiel zeigt, was man aus einem gebrauchten Haus machen und wie man es vollkommen neu nutzen kann.

Auch wenn Ihr eigener Umbau vielleicht nicht ganz so aufwendig ausfallen wird, so liefern Ihnen diese Abbildungen doch einen Einblick in die Möglichkeiten.

Der Schuttcontainer ist da, erste Fensterausbrüche erfolgen.

Neue Fensterbrüstungen werden aufgemauert.

Das Haus ist eingerüstet, die Demontage des Daches beginnt.

Die Ziegeldeckung wird abgedeckt.

Der Dachstuhl ist freigelegt.

Der Dachstuhl wird demontiert.

Der Dachstuhl ist demontiert.

Die oberste Geschossdecke wird mit einer Plane vor Regen geschützt.

Die neuen Giebelwände werden aufgemauert.

Der neue Dachstuhl wird gesetzt.

Der neue Dachstuhl ist gesetzt. Für alle Fälle (Regen) hängt am Gerüst eine große Abdeckplane.

Das neue Dach wird gedeckt.

Die neuen Fenster sind gesetzt ...

... an allen Fassaden.

Das Haus ist gedämmt ...

... rundherum.

Das gedämmte Haus erhält einen Farbputz ...

... an allen Fassaden.

Der Farbputz ist fertig ...

... am gesamten Haus.

Das Gerüst ist abgebaut.

Der Umbau ist abgeschlossen. Es fehlt nur noch die Anlage der Terrasse und des Gartens.

Dieser kleine Bildüberblick zeigt Ihnen, wie umfangreich ein Umbau sein kann und dass man das ursprüngliche Haus nach dem Umbau manchmal gar nicht wiedererkennt. In den folgenden Kapiteln geht es nun wieder darum, wie man bei einem anstehenden Umbau Schritt für Schritt weiter vorgeht. Jeder Umbau ist selbstverständlich anders und nicht jeder Umbau ist auch so umfassend wie der hier gezeigte. Aber selbst kleine Umbauten können eine große Herausforderung sein. Daher ist ein strukturiertes Vorgehen in jedem Fall wichtig.

Bauantrag, Ausschreibung und Versicherungen

Bevor die Finanzierung Ihres Vorhabens nicht geklärt ist, können Sie mit dem Umbauvorhaben nicht beginnen. Auch mögliche Förderanträge müssen zuvor genehmigt worden sein und ebenso sollten Sie alle notwendigen Versicherungen abgeschlossen haben.

Wenn Sie eine schriftliche Zusage der finanzierenden Bank über einen zinsvergünstigten Kredit der KfW und/oder der Landeskreditbank in der Hand halten, können Sie konkrete Schritte einleiten, um mit Ihrem Umbauvorhaben voranzukommen. Aber auch hier gilt weiter, dass Sie die Planung und die Finanzierung immer eng aufeinander abstimmen. Denn wenn die Finanzierung nicht genehmigt wird, nutzt Ihnen die Planung nichts. Es gilt aber auch umgekehrt: Wenn Ihnen die Planung nicht genehmigt wird, nutzt Ihnen die Finanzierung nichts. Hinzu kommt, dass nicht nur Finanzierung und Planung in wechselseitiger Abhängigkeit stehen, sondern auch die Finanzierung in wechselseitiger Abhängigkeit zur Ausschreibung der notwendigen Handwerkerleistungen. Denn wenn die eingehenden Angebote der Handwerker deutlich über den geschätzten Kosten liegen, kann das natürlich erheblichen Einfluss auf die Finanzierung haben. Man kann sich eine Finanzierung zunächst nur schriftlich bestätigen lassen und dann mit dem Abschluss warten, bis auch die Planung genehmigt ist und die Angebote der Handwerker vorliegen. Soweit eine Genehmigung der Umbauplanung nicht notwendig ist, zum Beispiel weil sie nur Innenumbauten ohne Eingriff in tragende Strukturen vornehmen, müssen Sie zumindest eine Genehmigung der Planung nicht abwarten, sondern nur die Angebote der Handwerker.

Wenn die Ergebnisse der Leistungsausschreibungen, also die Angebote der Handwerker, den Kostenschätzungen des Architekten nahekommen, steht dem weiteren Vorgehen nichts im Wege. Liegen die Ergebnisse aber weit über dem, was Sie erwartet haben, können Sie dann die Maßnahmen und auch die Finanzierung noch stoppen.

In diesem Kapitel lesen Sie, wie Sie bezüglich Baueingabe und Ausschreibung der Handwerkerleistungen vorgehen sollten.

Der Bauantrag

Wenn Sie Ihr Haus umfassend umbauen wollen und dies auch Auswirkungen auf die Statik oder die Gestaltung der Fassade, der Kubatur oder der Dachform hat, muss dies von der zuständigen Baurechtsbehörde genehmigt werden. Dafür müssen der Baurechtsbehörde Planungen vorgelegt werden, die zeigen, welche Teile des Gebäudes zurückgebaut, also abgerissen und welche neuaufgebaut werden sollen. Üblicherweise wird dies über farbliche Markierungen kenntlich gemacht, wobei gelb eingezeichnete Bauteile Rückbau bedeuten und rot eingezeichnete Bauteile Neuaufbau. Die Behörde prüft dann, ob die von Ihnen geplanten Umbaumaßnahmen genehmigungsfähig sind. Die Behörde wird dies auf Grundlage folgender Satzungen bzw. Gesetze entscheiden:

- Landesbauordnung,
- Bebauungsplan,
- § 34 Baugesetzbuch (Zulässigkeit von Vorhaben innerhalb der im Zusammenhang bebauten Ortsteile),
- § 35 Baugesetzbuch (Außenbereich),
- Denkmalschutzgesetze.

Während vor dem Zweiten Weltkrieg Bebauungspläne noch eher eine Seltenheit waren, kamen sie nach dem Krieg mehr und mehr auf. Ein Bebauungsplan ist die Planungsvorgabe einer Kommune in Form einer Satzung, die vom Gemeinde- oder Stadtrat mit Mehrheit beschlossen wird. In einem solchen **Bebauungsplan** sind alle rechtlichen Regelungen festgehalten, wie auf dem betreffenden Gelände gebaut werden darf, also zum Beispiel wie hoch, mit wie vielen Geschossen, mit welcher Dachform etc. Bebauungspläne bestehen meistens aus einem zeichnerischen und einem schriftlichen Teil. In Kombination mit der Landesbauordnung, die Teil des Bauordnungsrechts auf Länderebene ist und generelle Regelungen zur Bebauung festhält, also zum Beispiel Mindestabstandsflächen zu Nachbargrundstücken oder Mindestraumhöhen etc., bestimmt der Bebauungsplan ganz wesentlich die Zulässigkeit Ihres Umbauvorhabens.

Ein erfahrener Architekt wird selbstverständlich die Regelungen der Landesbauordnung und des örtlichen Bebauungsplans bei seiner Planung berücksichtigen. Manchmal stellt man auch eine sogenannte Voranfrage, um bestimmte Punkte frühzeitig mit dem Baurechtsamt zu besprechen. Wenn für das betreffende Gebiet, in dem Ihre Immobilie steht, kein Bebauungsplan vorhanden ist, greift § 34 Baugesetzbuch Absatz 1, in dem es wörtlich heißt:

„Innerhalb der im Zusammenhang bebauten Ortsteile ist ein Vorhaben zulässig, wenn es sich nach Art und Maß der baulichen Nutzung, der Bauweise und der Grundstücksfläche, die überbaut werden soll, in die Eigenart der näheren Umgebung einfügt und die Erschließung gesichert ist. Die Anforderungen an gesunde Wohn- und Arbeitsverhältnisse müssen gewahrt bleiben; das Ortsbild darf nicht beeinträchtigt werden."

Dann sind Sie zwar relativ frei in Ihren Planungen, aber müssen darauf achten, dass sich Ihr Vorhaben in die umliegende Bebauung einfügt. Auch das wird ein erfahrener Architekt bei seinen Planungen üblicherweise berücksichtigen.

Ferner kann es sein, dass Ihr Gebäude unter **Denkmalschutz** steht. Dann redet bei den Umbauplanungen auch die Denkmalschutzbehörde mit. Diese muss den Planungen zustimmen. Daher ist es sinnvoll, die Denkmalschutzbehörde möglichst frühzeitig in die Planungen einzubeziehen, um Probleme auch möglichst früh erkennen und lösen zu können. Der Denkmalschutz in Deutschland ist Ländersache und daher entsprechend unterschiedlich geregelt. Die Denkmalschutzbehörden sind üblicherweise aber als untere Behörden in den Kommunen oder Kreisen angesiedelt. Meist unterstehen sie noch einer übergeordneten Behörde auf Regional- oder Landesebene. Diese kann auch weisungsbefugt sein.

Wenn Sie unsicher sind, ob Ihr Gebäude unter Denkmalschutz steht, können Sie bei der örtlichen Denkmalschutzbehörde nachfragen. Das baden-württembergische Denkmalschutzgesetz zum Beispiel definiert unter § 2 Denkmale wie folgt:

„Kulturdenkmale im Sinne dieses Gesetzes sind Sachen, Sachgesamtheiten und Teile von Sachen, an deren Erhaltung aus wissenschaftlichen, künstlerischen oder heimatgeschichtlichen Gründen ein öffentliches Interesse besteht.“

Schließlich kann es sein, dass Ihr Gebäude außerhalb einer geschlossenen Ortschaft steht. Dann greifen ebenfalls spezielle Regelungen des Baugesetzbuches und der Landesbauordnungen. Es handelt sich hierbei um das sogenannte **Bauen im Außenbereich,** also außerhalb geschlossener Ortschaften. Das betrifft jedoch zum ganz überwiegenden Teil landwirtschaftliche Einrichtungen oder Einrichtungen, die explizit auf einen Standort außerhalb von Ortschaften angewiesen sind. Für andere Vorhaben heißt es unter § 35 Absatz 2 Baugesetzbuch:

„Sonstige Vorhaben können im Einzelfall zugelassen werden, wenn ihre Ausführung oder Benutzung öffentliche Belange nicht beeinträchtigt und die Erschließung gesichert ist.“

Wollen Sie also ein Gebäude in einer Lage außerhalb geschlossener Ortschaften umbauen, hängt die Genehmigungsfrage sehr stark von der Einschätzung der zuständigen Genehmigungsbehörde ab. Daher ist es sinnvoll, dass schon vor dem Ankauf solcher Gebäude der Kontakt zur Behörde gesucht wird. Nötigenfalls muss sogar eine Bauvoranfrage gestellt werden, bevor das Gebäude gekauft wird. Ist das Gebäude bereits in Ihrem Eigentum, sollte das Vorgehen im persönlichen Kontakt mit den zuständigen Sachbearbeiten der Genehmigungsbehörde vorbesprochen werden.

Wenn Sie Ihr Gebäude nur innen umbauen wollen und damit keine Veränderungen an Statik, Fassade, Kubatur oder Dach einhergehen, ist dies, wie erwähnt, genehmigungsfrei. Die Ausnahme bilden auch hier allerdings Gebäude, die unter Denkmalschutz stehen. Hier kann man auch innen nicht einfach beliebige Änderungen vornehmen, sondern muss diese zuvor genehmigen lassen.

Aber auch schon beim Anbau eines Wintergartens an ein Haus kann eine Genehmigung erforderlich werden.

Unterlagen für die Genehmigungsbehörde

Haben Sie einen umbauerfahrenen Architekten eingeschaltet, wird dieser all diese Dinge klären und eine genehmigungsfähige Planung entwickeln. Diese Planung, die mit Ihnen abgestimmt ist, wird dann zu einem sogenannten Bauantrag zusammengefasst. Üblicherweise haben Gemeinden, Landratsämter und Städte hierfür Formulare, oft auch schon zum Download im Internet, in die technische Rahmendaten des Gebäudes sowie Bauherr und Architekt eingetragen werden müssen. Eine wesentliche Anlage sind dann Pläne mit den Darstellungen, was und wie umgebaut wird. Je nach Größe des Eingriffs müssen gegebenenfalls zusätzliche Nachweise erbracht werden, wie zum Beispiel ein zusätzlicher Stellplatznachweis, wenn in ein Einfamilienhaus noch eine Einliegerwohnung eingeplant werden soll. Auch ein Entwässerungsnachweis kann erforderlich werden, wenn zusätzliche Dachflächen hinzukommen. Soweit Bäume gefällt werden müssen, ist auch dies zu beantragen.

Das ganze Paket des Bauantrags, vom Architekten verfasst und von Ihnen als Bauherr unterzeichnet, geht dann an die Genehmigungsbehörde zur Prüfung. Diese kann einige Wochen dauern, wenn es ungünstig läuft, bis zu drei Monate. Ihr Architekt kann aber auch beschleunigte Verfahren wählen, etwa das Kenntnisgabeverfahren oder das vereinfachte Baugenehmigungsverfahren. Beim **Kenntnisgabeverfahren** gehen sämtliche Prüfpflichten und die Verantwortung für die Durchführung des Vorhabens vom Planungs- und Baurechtsamt auf den Bauherrn bzw. den Architekten über. Die Einhaltung sämtlicher baurechtlicher Aspekte obliegt damit Ihnen und Ihrem Architekten. Die angrenzenden Nachbarn haben dann in der Regel etwa zwei Wochen Zeit, Einwendungen vorzubringen. Erfolgt dies nicht, können Sie nach Ablauf der Frist üblicherweise beginnen. Allerdings bleibt es der zuständigen Genehmigungsbehörde vorbehalten, die Einhaltung aller Parameter zu überprüfen und nötigenfalls weitreichende Konsequenzen zu ergreifen (bis hin zum Abriss oder Teilabriss), sollte dies nicht der Fall sein. Das Kenntnisgabeverfahren ist nur dort anwendbar, wo auch ein Bebauungsplan existiert.

Anders verhält es sich beim **vereinfachten Baugenehmigungsverfahren**. Es ist auch dort anwendbar, wo kein Bebauungsplan existiert. Dabei handelt es sich um eine Art beschleunigten Baugenehmigungsverfahrens. Bei diesem erhalten Sie eine Baugenehmigung zügiger, dürfen mit den Arbeiten jedoch erst beginnen, wenn die Baugenehmigung bei Ihnen eingegangen ist.Wenn der Umbau nicht umfangreich ist, kann auch Verfahrensfreiheit bestehen. Dann muss überhaupt kein Bauantrag erfolgen.

Welcher Weg für Sie der sinnvollste ist, sollte auf Grundlage der Umbauplanungen mit dem Architekten besprochen werden. Ist die Umbauplanung sehr komplex und offen, ob sie genehmigt wird oder nicht, sollten Sie zunächst einmal die Prüfung des Bauantrags abwarten. Falls er nicht genehmigungsfähig ist, können Sie dann reagieren (zum Beispiel mit Umplanungen) und sind flexibel genug, weil Sie noch keine weitergehenden Schritte umgesetzt haben. Ist die Baugenehmigung jedoch nur eine reine Formsache, zum Beispiel weil der Bauantrag sich ganz klar im Rahmen eines Bebauungsplans bewegt, kann man gegebenenfalls die Zeit bis zur Genehmigung nutzen, um die Ausschreibung der Handwerkerleistungen vorzubereiten.

Die Ausschreibung der Handwerkerleistungen

Mit der Ausschreibung der Handwerkerleistungen beginnt eine ganz wichtige Phase Ihres

Umbauvorhabens. Denn das, was bislang theoretisch überlegt und geplant wurde, muss nun ganz praktisch in eine Ausschreibung gebracht werden, die ein Handwerker lesen und kalkulieren kann. Man könnte es sich zwar auch einfach machen und Handwerker einfach um ein Angebot bitten. Aber ein solches Vorgehen hätte zwei ganz erhebliche Nachteile:

1. Es wäre nicht sichergestellt, dass die Handwerker ein gründlich recherchiertes Angebot abgeben und alle Probleme berücksichtigt haben.
2. Die Handwerkerangebote wären untereinander nicht vergleichbar. Es wäre für Sie also schwierig, das wirklich günstigste Angebot überhaupt sicher erkennen zu können.

Wenn man für ein Umbauvorhaben einen Architekten beauftragt, ist neben der Planung und Bauüberwachung eine seiner wesentlichen Leistungen auch die Ausschreibung der Handwerkerleistungen. Je exakter diese Ausschreibung die später tatsächlich gegebenen Bedingungen berücksichtigt, desto eher werden sich die Baukosten und Bauzeiten einhalten lassen. Wenn die Ausschreibung zu ungenau ist und während der Bauphase dann nicht das vorgefunden wird, was beschrieben war und worauf die Kalkulation des Handwerkers beruhte, kann es sehr schnell sehr teuer werden. Denn ein Handwerker kann in seiner Kalkulation natürlich nur das berücksichtigen, was in der Ausschreibung auch angegeben wird. Werden Dinge gar nicht aufgeführt oder anders beschrieben, dann können die auf der Baustelle vorgefundenen Bedingungen ganz andere Arbeiten erfordern, was von den Arbeitskosten und vom Material her mit der ursprünglichen Kalkulation nicht mehr zu leisten ist. Zwei Beispiele sollen Ihnen dies verdeutlichen:

Beispiel 1

Sie planen den Durchbruch einer Tür in einer Zwischenwand. Ihr Architekt schreibt hierzu aus: „Türdurchbruch gemauerte Wand, 0,115 x 1 x 2 m“.

Das Handwerksunternehmen liest dies und kalkuliert die Position: Eine 11,5 cm starke Mauerwerkswand soll auf einer Fläche von 1 mal 2 Meter durchbrochen werden. Später auf der Baustelle stellt sich heraus, dass es sich nicht nur um eine gemauerte Wand handelt, sondern sich innerhalb der Wand eine Betonstütze befindet, die tragende Funktion hat. Das Entfernen dieser Betonstütze wäre nur unter erheblichem Aufwand möglich, außerdem müsste dann eine Ersatzlösung für die statische Funktion der Betonstütze gefunden werden. In einem solchen Fall wird das beauftragte Unternehmen die weitere Arbeit zunächst einmal aussetzen und ein Nachtragsangebot kalkulieren und bei Ihnen einreichen. Ein solches Nachtragsangebot kann um ein Mehrfaches über dem Ursprungspreis für die Leistung liegen.

Beim Entfernen einer tragenden Betonstütze zum Beispiel entstehen die höchsten Kosten durch die Schaffung einer statischen Ersatzlösung, beispielsweise durch den aufwendigen Einzug eines horizontalen Stahlträgers, der die Deckenlast abfängt und an zwei Auflagerpunkten gehalten werden muss, wenn die nicht tragende Wand das nicht halten kann.

Beispiel 2

Sie planen unter anderem den Ausbau des Daches. Dazu soll das Dach gedämmt und von innen verkleidet werden. Um einen besseren Schallschutz zu erreichen, soll von innen eine doppelte Lage Gipskartonplatten montiert werden. Ihr Architekt schreibt hierzu aus:

„Beplankung des gesamten Dachstuhls von innen mit doppelter Lage Gipskartonplatten inklusive Unterkonstruktion. Deckenfläche ca. 80 m², Dachneigung 45 °, Sparrenabstand ca. 80 cm, maximale Raumhöhe ca. 3,50 m."

Als der anbietende Schreiner mit dem Innenausbau anfängt, stellt sich heraus, dass der bestehende Dachstuhl gar nicht zur Aufnahme solcher Lasten geeignet ist. Der gesamte Dachstuhl muss nachverstärkt werden. Auch in diesem Fall stellt der Handwerker die Arbeiten zunächst ein, um ein Nachtragsangebot zu kalkulieren und dieses bei Ihnen einzureichen. Die Kosten des Nachtrags können um ein Vielfaches über den ursprünglich kalkulierten Kosten liegen.

Die große Kunst der Ausschreibung besteht also einerseits darin, rechtlich korrekt auszuschreiben und auch entlang der gültigen Verfahren und Normen für die Arbeiten, denn sonst kann der Handwerker möglicherweise die ganze Ausschreibung angreifen und Sie mit Nachträgen überschütten. Andererseits besteht die Leistung darin, die einzelnen Arbeiten umfassend und detailliert zu beschreiben. Viele Architekten arbeiten heute mit Ausschreibungsprogrammen.

Das Problem bei einer ganzen Reihe von Ausschreibungsprogrammen besteht darin, dass sie zwar normengerecht vorformulierte Texte haben, die Texte aber teilweise erhebliche Informationslücken lassen – vor allem bei Umbauvorhaben.

Früher haben Architekten ihre Ausschreibungen noch vollständig selbst erstellt und ihr langjähriges Erfahrungswissen einfließen lassen. Ein bei Umbauten erfahrener Architekt war so in der Lage, sehr detaillierte Ausschreibungen zu verfassen, die Handwerkern wenig Spielraum für Nachforderungen ließen. Geraten Sie nun an einen wenig umbauerfahrenen Architekten, der sein Büro noch nicht allzu lange betreibt, nutzt Ihnen auch die neueste Ausschreibungssoftware, die er auf seinem Computer hat, relativ wenig. Denn am Ende ist es vor allem die Erfahrung des Architekten und seine detaillierte Beschreibung der zu verrichtenden Arbeit, die eine sichere Ausschreibung ermöglicht.

Wenn die Ausschreibung daneben geht, können Sie selbst mit einem guten Handwerkervertrag Kostenexplosionen nicht aufhalten, denn der Handwerker hat Anspruch auf die Bezahlung nachweislicher Mehrarbeit, die er leistet. Das Argument, man könne ja mit dem Handwerker ganz einfach von vornherein einen Pauschalpreis vereinbaren, zieht dann auch nicht, denn auch bei Pauschalpreisvereinbarungen ist der Handwerker berechtigt, Kostensteigerungen, die über 10 Prozent des Pauschalpreises hinausgehen, in Rechnung zu stellen.

Die Ausschreibung ist das zentrale Kostensteuerungswerkzeug auf Baustellen. Was hier schiefgeht, ist später auf der Baustelle nur sehr schwer zu korrigieren. Das ist der Grund, warum vor Beginn der Ausschreibung das Bestandsgebäude so sorgsam untersucht werden muss und warum auf alle Fälle ein umbauerfahrener Architekt die Ausschreibung erstellen sollte.

Eine Ausschreibung für Leistungen in einem Bestandsgebäude kann sich nicht immer nur an bestehenden Normen orientieren. Sind im Hause Probleme vorhanden (zum Beispiel bei der Ebenheit von Böden, Wänden oder Decken), muss im Vorfeld gemeinsam mit dem Architekten geklärt werden, wie man dem Problem begegnen will. Bei einem leicht schrägen Boden kann man zum Beispiel überlegen, ob man den bestehenden Estrich und eventuelle Unterschichten ausbaut und eine neue Ausgleichsschüttung aufbringt, um einen neuen Estrich auf dem schiefen Boden exakt waagerecht montieren zu können. Will man dies nicht, sondern kann man mit dem schiefen Boden leben, lässt sich natürlich später der Handwerker für die Montage eines nicht exakt waagerechten Bodens nicht verantwortlich machen. Da die DIN-Normen von ihm solches und anderes aber verlangen, kann man Ausnahmen in die Ausschreibung aufnehmen. Diese müssen aber exakt formuliert sein und klar eingegrenzt werden.

Bei Fachausschreibungen wie Heizung oder Elektrik sollten auf jeden Fall Fachingenieure mit ins Boot geholt werden. Die meisten Architekten haben Kooperationen mit entsprechenden Fachingenieuren, die sie empfehlen können. Auch für diese Ausschreibungen gilt das Gleiche wie für die Ausschreibungen des Gebäudeumbaus. Denn auch der Rückbau etwa einer Heizungsanlage kann natürlich deutlich komplexer sein, als zunächst vermutet. Hierzu ein weiteres Beispiel:

Beispiel

Der Fachingenieur schreibt für eine Pauschale aus: „Entfernung eines alten Stahlöltanks, 3.000 Liter, aus dem Keller".

Im Keller des Bestandshauses wird festgestellt, dass im Tank noch Restmengen von Öl sind, die zuvor abgepumpt werden müssen. Als Nächstes stellt sich heraus, dass der Öltank nicht einfach demontiert und aus dem Haus gebracht werden kann, da der Tank durch keine Tür und kein Fenster passt. Das heißt, der Öltank muss zunächst einmal vor Ort zerlegt werden. Das ist aber gar nicht ohne Weiteres möglich, da ein Schneidbrenner beim Zerlegen natürlich Funken erzeugen würde, die wiederum Ölrückstände entzünden könnten. Es beginnt also plötzlich ein sehr großer Nachplanungsaufwand mit Nachkalkulation und erheblichen Kostensteigerungen und Zeitverzögerungen, weil das Detail nicht sauber ausgeschrieben war. Hinzu kommt, dass der Fachingenieur nur den Ausbau des Stahltanks ausgeschrieben hat, aber nicht dessen Abtransport und die fachgerechte Entsorgung. Auch hier wird es zu Mehrkosten kommen.

Ein erfahrener Haustechnikingenieur, der Rückbauten von Heizungsanlagen schon vielfach betreut hat, erkennt solche Probleme und schreibt die zu erbringenden Leistungen von vornherein so aus, dass die Handwerksunternehmen eine sichere Kalkulationsbasis haben und es nachher nicht zu Überraschungen kommt. Er wird auch gleich fachliche Lösungen einbauen, wie der Tank zunächst leergepumpt und anschließend sicher zerlegt und entsorgt werden kann.

Auch bei der Neuinstallation von Bauteilen oder haustechnischen Ausrüstungen muss sehr genau formuliert werden. Zwar sind die Bauteile neu, aber eben in einer Bestandsumgebung. Wenn Sie einen alten Öltank einfach nur durch einen neuen ersetzen wollen, muss der neue Tank natürlich seinerseits durch die Bestandstüren passen. Sonst müssen Sie anfangen, zur Montage des Tanks Fassade und Decken aufzureißen.

Aber auch wenn Sie umsteigen, zum Beispiel von Öl auf Gas und die Anlage koppeln, etwa mit Solarkollektoren, die auf das Dach montiert werden, und mit einem 300-Liter-Warmwasserspeicher, muss man genau hinsehen. Nehmen wir an, Sie wollen eine solche Anlage platzsparend unter dem Dach einbauen, dann kann es Ihnen passieren, dass die Zwischendecke das Gewicht des 300-Liter-Speichers gar nicht tragen kann, weil sie möglicherweise eine einfache Holzdecke ist, die mit höchstens 150 Kilogramm pro Quadratmeter belastbar ist. Der 300-Liter-Speicher brächte bei maximaler Füllung dann das Doppelte auf die Waage. Die Konsequenzen können Sie sich vorstellen.

Die Beispiele können Ihnen ein Gefühl dafür geben, warum Bestandsgebäude vor Ausschreibungen so sorgfältig untersucht werden müssen und die Ausschreibung, die dann aufgesetzt wird, so sorgfältig formuliert werden muss. Denn sonst haben sie nach Rücklauf der Ausschreibungen mit den Handwerkerangeboten zwar Preise in der Hand, aber Preise, die auf der Baustelle dann doch noch explodieren und Ihre gesamte Finanzierung gefährden können. Das ist vor allem bei Umbauten schon vielen Bauherren passiert, deswegen muss davor deutlich gewarnt werden.

Tipp: Der beste Schutz vor Kostenexplosionen ist ein sehr erfahrenes und gründliches Team aus Architekt und Haustechnikingenieur.

Fristen

Angebotspreise von Handwerkern gelten nicht ewig, sondern haben meist eine sogenannte **Bindefrist**. Innerhalb dieser Frist muss der Vertrag zustande kommen, sonst fühlt sich der Handwerker nicht mehr an sein Angebot gebunden. Das heißt, nach Rücklauf von Handwerkerangeboten muss man üblicherweise zügig handeln. Manchmal legen Architekten eine Bindefrist bereits in der Ausschreibung fest. Zügiges Handeln ist dann möglich, wenn parallel auch bereits die Baugenehmigung vorliegt und den Arbeiten nichts weiter im Wege steht. Bevor man aber an die Auftragsvergabe geht, sollte zunächst die Finanzierung abgeschlossen und unterzeichnet werden. Zu diesem Zeitpunkt weiß man genau, dass das Vorhaben genehmigt wurde und was es voraussichtlich kosten wird. Ist es nicht genehmigt worden und/oder ist es zu teuer, könnte man jetzt noch abbrechen. Zwar entstehen dann in jedem Fall die Architektenkosten, die bis zu diesem Zeitpunkt angefallen sind. Aber dies hätte dann insofern einen Nutzen gehabt, als man durch die Arbeit des Architekten potenzielle finanzielle Risiken überhaupt erst genau einschätzen konnte. Und wenn der Architektenvertrag stufenweise abgeschlossen wurde, kommt man an diesem Punkt auch relativ einfach aus dem Vertrag. Man verlängert ihn einfach nicht um die nächsten Leistungsphasen.

Wenn Sie bei umfangreicheren Umbauarbeiten auf einen erfahrenen Architekten verzichten und die Angebote von Handwerkern selbst einholen, werden Sie bei komplexeren Vorhaben viel Lehrgeld zahlen. Es ist zudem sehr risikoreich, Handwerksunternehmen einfach nur um Abgabe eines Angebots zu bitten. Nur in den seltensten Fällen können Sie sich auf ein solches Angebot verlassen. In der Regel sind Handwerkerangebote für umfangreiche Arbeiten, die nicht auf einer sorgfältigen Ausschreibung beruhen, stark nachtragsgefährdet. Und die Ausschreibung allein hilft auch zunächst noch relativ wenig. Denn die Ausschreibung muss nun zur Grundlage eines verbindlichen Handwerkervertrags gemacht werden, anschließend muss eine lückenlose Überwachung der Handwerkerarbeiten auf der Baustelle erfolgen. Sie sollten sich solche Dinge nur zutrauen, wenn Sie damit auch beruflich befasst sind. Kommen Sie nicht aus der Baubranche, sind die Risiken hoch, dass Fehler auftreten, die sehr kostenintensive Konsequenzen haben können.

Die Handwerkerverträge

Im Gegensatz zur landläufigen Meinung bedarf es für einen Vertragsschluss nicht einer Unterschrift. Man kann einen Vertrag auch mündlich schließen. Sehr viele Hauseigentümer schließen fast nur mündliche Verträge mit Handwerkern, zum Beispiel wenn sie einen Handwerker anrufen und um die Reparatur eines Rollladens bitten. Dann kommt ein mündlicher Vertrag zustande. Bei kleineren Reparaturen mag das noch funktionieren, bei größeren Investitionen ist ein solches Vorgehen aber sehr riskant. Außer durch den mündlichen Vertrag kommen Handwerkerverträge auch häufig durch schriftliche Zustimmung zum Angebot des Handwerkers zustande – und zwar auf Basis seiner **Geschäftsbedingungen.** Diese Geschäftsbedingungen sind meist das sehr klein und hellgrau Gedruckte auf der Rückseite des Angebots oder des Angebotsanschreibens. Häufig heißt es dann: „Unser Angebot versteht sich auf Grundlage unserer allgemeinen Geschäftsbedingungen“ oder ähnlich. Auch das ist riskant, da Sie bei Zustimmung zu einer solchen Vereinbarung die Geschäftsbedingungen des Handwerkers genau gelesen und deren rechtliche Konsequenzen auch verstanden haben sollten. Das ist allerdings eher unwahrscheinlich und funktioniert eigentlich nur dann, wenn Sie als Hauseigentümer selbst Architekt oder Anwalt sind. Da die Geschäftsbedingungen von Handwerksunternehmen sehr unterschiedlich sein können, kann ein preislich günstiges Angebot auch ein rechtlich sehr risikoreiches Angebot sein. Das heißt, wenn man nur die technischen Leistungen ausschreiben würde und dann jeder Handwerker seine eigenen Geschäftsbedingungen zur Vertragsgrundlage machen würde, hätte man wieder das Problem mangelnder Vergleichbarkeit und müsste sich durch einen Berg von Geschäftsbedingungen arbeiten. Daher gibt es zwei Möglichkeiten des sinnvolleren Vorgehens:

1. Vertragsbedingungen sind in der Ausschreibung enthalten

Der rechtliche Rahmen wird bereits in der Ausschreibung den Handwerkern mit vorgelegt. Das heißt, dass Ihr Architekt als Teil der Ausschreibung auch die Vertragsbedingungen gleich mit beilegt. Das ganze Ausschreibungspaket kann sogar fix und fertig zusammengestellt werden, sodass es später reicht einen sogenannten „Zuschlag" auf das Angebot zu erteilen. Damit kommt dann direkt ein Bauvertrag zwischen Ihnen und dem Handwerker zustande. Das ist eine sehr elegante und sinnvolle Vorgehensweise, weil dann Vertragsverhandlungen über einen Bauvertrag entfallen, denn die Ausschreibung enthält bereits alle notwendigen rechtlichen Regelungen.

2. Vertrag wird nach Angebotsvorlage verhandelt

Die Alternative dazu ist, zunächst nur die technische Ausschreibung durchzuführen und anschließend dem Handwerker ein Vertragsangebot zu machen. Nachteil kann hier sein, dass der Handwerker beginnt, um rechtliche Bedingungen zu feilschen, wohingegen er bei der auch vertraglich bereits vollständigen Ausschreibung von vornherein sieht, auf welche rechtlichen Vertragsbedingungen er sich einlässt. So kann er direkt entscheiden, ob er sich auf Grundlage dieser Vertragsbedingungen an der Angebotsabgabe beteiligt oder nicht.

Neben diesen beiden Vorgehensweisen kann Ihr Architekt auch zwischen zwei Vertragsformen wählen und zwischen zwei Rechtsgrundlagen: der Einheitspreisvertrag oder der Pauschalpreisvertrag entweder auf Grundlage der Vergabe- und Vertragsordnung für Bauleistungen (VOB) oder auf Grundlage des Bürgerlichen Gesetzbuchs (BGB). Diese vier Begrifflichkeiten werden im Folgenden kurz erläutert:

Einheitspreisvertrag

Einheitspreisvertrag bedeutet, dass einzelne Positionen vom Handwerker bepreist werden. Am Ende des Umbauvorhabens sieht man sich dann an, welche Position man wie häufig benötigte – also zum Beispiel wie viele Kubikmeter welchen Steins verbaut sind oder wie viele Quadratmeter Dachziegel gedeckt sind oder wie viele Quadratmeter Tapete tapeziert und gestrichen sind. Man spricht vom sogenannten Aufmaß, das gemacht wird. Häufig machen dies Architekt und Handwerker in einer gemeinsamen Begehung zusammen, damit dieses Aufmaß, also sozusagen das Maßnehmen der tatsächlich verbauten Mengen, auch von Auftraggeber und Auftragnehmerseite gleich vor Ort übereinstimmend festgestellt werden kann. Dieses Aufmaß eines jeden Gewerks wird dann entsprechend den angebotenen Einheits-Preisen abgerechnet.

Übliche Angaben bei Einheitspreisverträgen sind daher auch Kubikmeter, Quadratmeter oder auch Stück. Der Vorteil dieses Vorgehens liegt darin, dass am Ende die tatsächlich verbauten Mengen maßgenau abgerechnet werden. Das Problem liegt darin, dass der Preis, der letztlich für die Arbeiten des Handwerkers zu entrichten ist, den Angebotspreis auch noch übersteigen kann, wenn mehr Material verbaut wurde, als in der Ausschreibung benannt war.

Pauschalpreisvertrag

Beim Pauschalpreisvertrag kann die Handwerkerleistung zwar zunächst auch in Einzelpositionen abgefragt werden, auch um Preistransparenz zu schaffen. Aber zum Schluss gibt der Handwerker einen Pauschalpreis an, zu dem er die Arbeiten verrichten wird. Damit entfällt das abschließende Aufmaß und der Handwerker erhält automatisch den angebotenen Preis. Man könnte meinen, dieses Verfahren sei preissicher. Ist es aber nicht zwingend. Denn neben dem Vorteil der vermeintlichen Preissicherheit bleiben Risiken. Auch bei einem Pauschalpreisvertrag kann ein Handwerker Nachforderungen geltend machen, nämlich dann, wenn das einzusetzende Material 10 Prozent der kalkulierten Mengen übersteigt. Das kann schnell der Fall sein. Hinzu kommt, dass Handwerker diese 10 Prozent, die übrigens nicht gesetzlichen Regelungen, sondern gerichtlichen Klärungen solcher Sachverhalte entstammen, natürlich in seine Kalkulation für Pauschalpreisverträge mit einbinden wird. Denn wenn er bei den Mengen am Ende doch 9 Prozent mehr einsetzen muss als angeboten, wird er nicht auf den Kosten für diese zusätzlichen Mengen sitzenbleiben wollen. Er wird also diesen Risikopuffer von 10 Prozent in sein Angebot mit aufnehmen.

Vergabe- und Vertragsordnung für Bauleistungen (VOB)

Bei der VOB handelt es sich um ein Muster einer allgemeinen Geschäftsbedingung, die zur Grundlage vieler Bauverträge gemacht wird. Genauer ist dies die VOB/B, denn die VOB besteht aus drei Teilen: der VOB/A, der VOB/B und der VOB/C.

- Die **VOB/A** enthält insbesondere rechtliche Regelungen zu öffentlichen Ausschreibungen, also etwa, wenn eine Kommune einen Schulbau ausschreibt.
- Die **VOB/B** können Sie sich vorstellen wie einen Musterbauvertrag für das Bauwesen mit 18 Paragrafen, in denen die wichtigsten Dinge geregelt sind.
- Die **VOB/C** enthält technische Regelungen, vor allem DIN-Normen, die die Art und Weise der handwerklichen Ausführung festlegen.

Die VOB wird herausgegeben vom Deutschen Vergabe Ausschuss (DVA). In diesem sitzen Vertreter von Auftraggeber- und Auftragnehmerseite. Wer früher die VOB/B als Ganzes (also ohne zu viele Ausnahmetatbestände oder Sonderregelungen) beschloss, für den galt sie auch. Denn sie unterlag viele Jahre nicht der sogenannten Inhaltskontrolle nach dem BGB. Alle Geschäftsbedingungen, die Ihnen vorgelegt werden, müssen grundsätzlich den Regelungen zu allgemeinen Geschäftsbedingungen des BGB gerecht werden. Verstoßen sie dagegen, können sie ganz oder in Teilen unwirksam sein.

Für die VOB/B galt dies nicht. Sie hatte eine privilegierte Stellung. Sie galt insgesamt als ausgewogen, da ja Auftraggeber und Auftragnehmer im DVA vertreten sind. Da in dem Gremium aber keine Verbraucher vertreten sind, die VOB/B aber vom DVA viele Jahre lang auch zur Anwendung in Verbraucherverträgen empfohlen wurde, ging der Bundesverband

Verbraucherzentrale dagegen vor. Er mahnte über zwanzig Einzelpunkte in der VOB/B als verbraucherbenachteiligend ab und obsiegte 2008 vor dem Bundesgerichtshof. Kurz darauf wurde dann überdies das BGB geändert und die VOB/B verlor auch im BGB ihre privilegierte Stellung. Seit Januar 2009 unterliegt die VOB/B, wenn sie in einem Verbrauchervertrag zur Anwendung kommt, also zum Beispiel in einem Vertrag zwischen einem Handwerker und Ihnen als privatem Verbraucher, der Inhaltskontrolle nach dem BGB.

Obwohl dieser wichtige Sachverhalt nun schon seit Jahren klar ist, kennen sehr viele Handwerks- und Bauunternehmen nach wie vor diese Sachlage nicht. Sehr häufig werden Verbrauchern noch immer VOB/B-Verträge als Vorschlag zur Zusammenarbeit mit Handwerkern vorgelegt. Sie können einen solchen Vertrag natürlich abschließen, aber es kann sein, dass er dann in gleich mehreren Punkten unwirksam ist, wenn der Handwerker – und nicht Sie – die VOB/B zur Verwendung vorschlug. Aufgrund der Tatsache, dass im Prozess zwischen dem Deutschen Vergabe Ausschuss und den Verbraucherzentralen nicht abschließend geklärt wurde, welche der abgemahnten Punkte unzulässig sind, da der DVA einlenkte und die VOB/B Verbrauchern nicht mehr empfahl, ist momentan eine Möglichkeit für Verbraucher, Bauwerkverträge nicht nach der VOB/B, sondern nach dem BGB abzuschließen. Erst Rechtsauseinandersetzungen in der Zukunft werden wohl zeigen, welche VOB/B-Regelungen im Detail unzulässig sind und welche nicht.

Bürgerliches Gesetzbuch (BGB)

Das BGB enthält neben vielen anderen Regelungen auch solche zum sogenannten Werkvertragsrecht. Hierbei handelt es sich um die Paragrafen 631 bis 651. Ähnlich wie die 18 Paragrafen der VOB/B handeln diese 20 Paragrafen des BGB ebenfalls Rechte und Pflichten von Auftraggeber und Auftragnehmer eines Werkvertrags ab, also eines Vertrags, dessen Ziel die Erbringung eines Werkes ist und nicht nur die Erbringung einer Dienstleistung. Immer wenn von diesen BGB-Regelungen in einem Vertrag, den man Ihnen vorlegt, abgewichen werden soll, müssen Sie hellhörig werden. Denn das, was im BGB festgehalten ist, ist zunächst einmal Ihr gutes Recht. Soll dies mittels Abweichungen eingeschränkt werden, muss man sehr genau hinsehen. Üblicherweise wird aber Ihr Architekt dem Handwerker darlegen, auf welcher Rechtsbasis der Vertrag zustandekommt. Wenn festgelegt wird, dass sich der Vertrag nach dem Werkvertragsrecht des BGB richtet, sind die Grundlagen zumindest klar. Das Problem ist nur, dass das Werkvertragsrecht des BGB nicht nur Bausachen umfasst, sondern eben alle Werkleistungen. Ob Ihnen ein Konditor eine Torte backt, eine Schneiderin ein Kleid näht oder ein Fahrradhändler ein Fahrrad repariert: Dies alles sind Werkleistungen, die üblicherweise auf Basis des Werkvertragsrechts des BGB laufen. Nun gibt es aber natürlich einen Unterschied, ob Sie eine Torte für 20 oder 30 Euro bestellen oder ein neues Dach für 50.000 Euro. Und hier tauchen Schwachstellen des BGB auf, weil viele Dinge natürlich nur sehr allgemein geregelt werden und nicht detailliert.

Zusammenfassend kann man sagen, dass die Regelungen des BGB sinnvoll ergänzt werden müssen. Genauso muss zum Beispiel ein **Bauzeitenplan** mit den Handwerkern vereinbart werden, also welche Leistung bis wann zu erbringen ist. Und schließlich muss vereinbart werden, welcher Geldbetrag während der Gewährleistungszeit von fünf Jahren einbehalten wird, falls es während dieser Zeit zu Problemen aufgrund von Mängeln kommt. Auch hierzu enthält das BGB keine Regelungen. Wenn man nach BGB eine Vereinbarung schließt, benötigt man also sinnvolle Ergänzungen und Detaillierungen von Regelungen. Anhand eines Vertragsbeispiels wird dies deutlich (s. Kasten „Beispiel").

Unsere Beispielfamilie Müller hat mittlerweile einen Architekten gefunden. Mit ihm haben sie einen stufenweisen (also leistungsphasenbezogenen) Architektenvertrag abgeschlossen. Der Architekt hat mittlerweile auch alle Planungen vorgenommen und eine Kostenschätzung erstellt. Auf Basis dieser Kostenschätzung haben Müllers eine Finanzierung aufgestellt und alle notwendigen Förderanträge über ihre finanzierende Bank an die KfW weitergeleitet. Eine günstige Bank haben sie durch einen Vergleich unter anderem von Stiftung Warentest/Finanztest gefunden. Die durchgerechnete Umbaufinanzierung haben sie dann von der Baufinanzierungsberatung der Verbraucherzentrale noch einmal überprüfen lassen. Nachdem die Finanzierung abschließend geklärt war, beauftragte Familie Müller den Architekten mit der Erstellung des Umbaugesuchs, das er kurz darauf einreichen konnte. Als es genehmigt war, beauftragte

Beispiel

Das BGB besagt in § 632 a) Absatz 1: „Der Unternehmer kann von dem Besteller für eine vertragsgemäß erbrachte Leistung eine Abschlagszahlung in der Höhe verlangen, in der der Besteller durch die Leistung einen Wertzuwachs erlangt hat."

Früher hieß es an dieser Stelle, dass ein Handwerker für „in sich abgeschlossene Leistungen" eine Abschlagsrechnung stellen kann. Dann ging die Diskussion los, was ist eine „in sich abgeschlossene Leistung"? Daraufhin wurde die Formulierung geändert. Jetzt enthält § 632 a) eine Formulierung, die zumindest während der Rückbauphase eines Gebäudes faktisch gar keine Abschlagszahlungen zulassen würde, denn beim Abriss von Teilen eines Gebäudes oder bei Wand- und Deckendurchbrüchen entsteht Ihnen zunächst einmal kein Wertzuwachs – ganz im Gegenteil. Sie sehen daran, wie nicht nur die HOAI oder DIN-Normen fast ausschließlich auf Neubauten zielen, sondern wie auch das BGB-Werkvertragsrecht in diesem Punkt die Besonderheiten von Umbauten völlig ausblendet.

Die grundsätzliche Frage ist immer: Ist eine Abschlagsrechnung, die Ihnen vorgelegt wird, berechtigt oder nicht? Denn bei Bauaufträgen besteht das entscheidende Risiko immer darin, dass Sie Zahlungen leisten und keine angemessene Gegenleistung erhalten. Die Torte des Konditors zahlen Sie fast immer erst, wenn sie vollständig hergestellt ist. Aber vielleicht will schon Ihr Fahrradhändler eine Anzahlung für eine Reparaturleistung. All' das hält sich üblicherweise im Rahmen. Beim Bauen sind die Summen aber sehr hoch. Daher muss im Zweifel ein Zahlungsplan festgelegt werden, damit von vorherein klar ist, wann welche Leistungen gezahlt werden.

Familie Müller den Architekten auch mit der Ausführungsplanung für den Umbau und der Ausschreibung.

Als die Ergebnisse der Ausschreibung zurückkamen, wurde klar, dass der geplante Umbau teilweise teurer werden würde, als vom Architekten geschätzt. Familie Müller benötigte einen größeren Kreditrahmen und verhandelte darüber mit der Bank. Der maximale von der KfW geförderte Betrag und auch alle Zuschüsse waren bereits ausgereizt. Müllers konnten die Mehrkosten schließlich noch zusätzlich in den Kredit packen. Sie unterzeichneten erst jetzt den Kreditvertrag, exakt zu dem Zeitpunkt, an dem einerseits die Umbaugenehmigung sowie die Handwerkerangebote vorlagen, sie aber andererseits noch nicht unter Kostendruck waren, da sie noch keine Handwerkerverträge unterzeichnet hatten. Bis zu diesem Punkt wären Müllers in der Lage gewesen, alles zu stoppen und nur die bislang angefallenen Architektenkosten zu tragen. Jetzt, nachdem der Weg frei ist, geht es um den Abschluss der Handwerkerverträge. Dazu hat der Architekt einen Werkvertrag nach BGB vorgeschlagen mit folgenden Ergänzungen:

- Bauzeitenplan als Vertragsbestandteil,
- Zahlungsplan als Vertragsbestandteil,
- Ergänzungsregelungen zur Abnahme, vor allem bezüglich der Ankündigungsfrist und möglicher Wiederholungstermine.

Da sich die Investition von Müllers insgesamt im sechsstelligen Euro-Bereich abspielt und einzelne Gewerke fünfstellige Summen umfassen, legen sie großen Wert auf rechtssichere und gute Verträge. Sie lassen daher den Vorschlag ihres Architekten bei einem Fachanwalt für Bau- und Architektenrecht prüfen und mit Anmerkungen versehen. Der Fachanwalt rät zu folgenden Nachbesserungen:

- Auch die **Zwischentermine** aus dem Bauzeitenplan sollten explizit als Vertragstermine vereinbart werden.
- Die Regelung einer **Fertigstellungsbürgschaft** bis zur Fertigstellung und einer **Gewährleistungsbürgschaft** für die Dauer der Gewährleistungszeit (nach BGB 5 Jahre) sollten aufgenommen werden.
- **Erfüllungsort** (Baustellenort des Bauherrn) sollte festgelegt werden.

So gewappnet, sind Müllers bereit, den Vertrag zu unterzeichnen und damit den Startschuss für den Umbau zu geben.

Hinweis

Ab 2017 soll in Deutschland ein novelliertes Baurecht gelten. Hierbei geht es vor allem um weitreichende Änderungen des Werkvertragsrechtes des BGB (Paragraphen 631 bis 651). Es gibt dazu aktuell allerdings nur einen Referentenentwurf, der im weiteren Gesetzgebungsverfahren wahrscheinlich noch Änderungen erfahren wird. Ab 2017 kann dann allerdings bereits das novellierte Gesetz gelten, so dass es ratsam ist, ab diesem Zeitpunkt über das Gesetzesportal der Bundesregierung (www.gesetze-im-internet.de) Einblick in die Neuregelungen der Paragraphen 631 bis 651 des BGB zu nehmen.

Versicherungen

Wenn Sie in größerem Stil umbauen, sollten Sie sich – wie schon erwähnt – auf Ihrer Baustelle gegen verschiedene Risiken absichern, Denn ihre üblichen Versicherungen (Privathaftpflicht, Gebäudeschadenversicherung, Hausratversicherung etc.) decken den speziellen Umbaufall nicht ab. Mindestens folgende Versicherungen sind zu empfehlen:

Unfallversicherung

Die Unfallversicherung ist für Sie und Familienangehörige wichtig, wenn ein größerer Umbau ansteht. Damit sichern Sie sich und Ihre Angehörigen gegen mögliche Unfälle ab. Unfallversicherungen bieten viele Anbieter an.

Versicherung von Helfern

Helfer am Bau müssen zwingend versichert werden, zum Beispiel Freunde, wenn die bei Eigenleistungen mithelfen. Für diese Versicherung sind Sie als Bauherr verantwortlich. Die Versicherung ist über die Berufsgenossenschaft der Bauwirtschaft (BG Bau) abzuschließen. Die Höhe der Beiträge richtet sich nach den geleisteten Arbeitsstunden der Helfer. Alle Details dazu erfahren Sie unter www.bgbau.de. Dort müssen Sie auch Ihre Baustelle anmelden, wenn Sie Helfer beschäftigen.

Bauherrenhaftpflichtversicherung

Auch eine Bauherren-Haftpflichtversicherung empfiehlt sich für die Zeit des Bauvorhabens. Sie schützt bei Ansprüchen Dritter, die durch Ihre Baustelle einen Schaden erlitten haben. Eine übliche private Haftpflichtversicherung deckt diese Ansprüche nicht ab. Möglicherweise bietet Ihnen Ihr Versicherer aber an, Ihre Privathaftpflichtversicherung temporär um diesen Schutz zu erweitern. Sprechen Sie darüber mit dem Anbieter Ihrer privaten Haftpflichtversicherung.

Bauleistungsversicherung

Die Bauleistungsversicherung kann, je nach Umfang der Umbauarbeiten, sinnvoll sein. Sie tritt für unvorhersehbare Schäden ein, auch bei Diebstahl, Vandalismus etc. Da auch die Handwerksunternehmen von ihr profitieren, wird der Versicherungsbeitrag meist unter den beteiligten Handwerksunternehmen aufgeteilt. Erfahrene Architekten haben den Abrechnungsmodus üblicherweise in den Vertragsbedingungen ihrer Ausschreibungsunterlagen oder den Handwerkerverträgen integriert.

Feuerrohbauversicherung

Eine Feuerrohbauversicherung kann sehr sinnvoll sein, wenn ein umfangreicherer Umbau erfolgt. Sie versichert gegen Brandschäden am Bau. Haben Sie ein Haus erworben, das sie vor Ihrem Einzug zunächst umbauen, können Sie auch bei Ihrer Gebäudeversicherung nachfragen, ob sie diesen Schutz mitanbietet. Viele Gebäudeversicherer bieten eine Feuerrohbauversicherung kostenneutral mit an, wenn man bei ihnen später auch die Gebäudeversicherung für das Haus abschließt.

Umbaudurchführung

Wenn alle Vorbereitungen abgeschlossen sind, also die Finanzierung steht, mögliche Förderungen beantragt und genehmigt sind und Planung und Ausschreibung abgeschlossen sind, kann der konkrete Umbau erfolgen.

Auch Müllers haben alle Vorbereitungen für ihren Umbau getroffen. Sie haben mit dem Architekten vereinbart, dass sie erst einziehen, wenn die Innenarbeiten vollständig abgeschlossen sind. Als Umbauablauf ist festgelegt, dass zunächst einmal alle Demontagearbeiten innen durchgeführt werden.

Rückbau

Als Erstes fliegen alle alten Böden heraus, ob Fliesen, Teppich oder anderer Belag. Der alte Estrich bleibt drin, bis auch Wand- und Deckenbekleidungen entfernt sind, ob Tapete, Fliesen oder Holz. Wo der Putz nicht mehr hält, wird er gleich mit abgeklopft. Auch die alten Innentürrahmen werden jetzt herausgenommen. Danach erst kommt auch der alte Estrich heraus. Wie bei der Überprüfung durch den Architekten festgestellt, handelt es sich um einen Zementestrich auf Trennlage, sodass er sich einigermaßen gut entfernen lässt.

Als Nächstes werden dann alle Elektro- und Installationsleitungen entfernt. Sind auch diese alle demontiert, werden alle alten Fenster entfernt, nur die alte Haustür bleibt noch erhalten. Sie erweist sich als gute Bautür. Sie soll erst ganz zum Schluss gegen eine neue Tür gewechselt werden.

Im nächsten Schritt werden dann alle Abbrucharbeiten erledigt: Neue Fenster werden gebrochen, indem zunächst ein schmaler Spalt oberhalb des Fensters für einen neuen Sturz aus der Wand genommen wird. Dann wird der Sturz eingefügt und anschließend unterhalb das neue Fenster ausgebrochen. Bei einem breiten Innenwandausbruch einer tragenden Wand muss ein Stahlträger zum Einsatz kommen, um die ehemals tragende Wand statisch zu ersetzen. Auch ein Deckendurchbruch für eine neue Treppe ins Dachgeschoss erfolgt, schließlich noch diverse kleinere Kernbohrungen durch die Decken für die Neuverlegung der Leitungen. Auch das gesamte alte Dach wird abgebrochen, denn es soll durch einen neuen Dachstuhl ersetzt werden.

Neuaufbau

Nach dem Rückbau geht es an den **Neuaufbau.** Bisher haben Müllers sehr viel Geld investiert, aber keinen Wertzuwachs geschaffen, sondern – ganz im Gegenteil – Werte vernichtet. Das ist ein sehr kritischer Moment im Bauablauf. Denn wenn jetzt etwas Unvorhergesehenes passiert, stehen Müllers mit einer Ruine da – das ist wörtlich zu verstehen. Beispielsweise könnten Frau oder Herr Müller durch einen Sportunfall arbeitsunfähig werden oder plötzlich ihren

Arbeitsplatz verlieren, aber auch ein beteiligtes Handwerksunternehmen könnte insolvent werden oder die Ruine, so wie sie dasteht, abbrennen etc.

Deshalb haben Müllers vor dem Umbau noch einmal mit ihren Versicherern gesprochen. Diese haben geraten, die Versicherungswerte vorübergehend auf die höheren finanziellen Risiken anzupassen und neben der Risikolebensversicherung und der Berufsunfähigkeitsversicherung weitere wichtige **zusätzliche Versicherungen** abzuschließen: Dazu gehören eine Feuerrohbauversicherung, eine Bauleistungsversicherung und eine Bauherrenhaftpflichtversicherung. Müllers sind diesem Ratschlag gefolgt und können daher jetzt potenziellen Risiken einigermaßen gelassen entgegensehen. Zusätzlich schützt sie der sorgfältige Zahlungsplan des Architekten. Erst muss eine exakt vereinbarte Leistung erbracht werden, dann wird gezahlt. Ist die Leistung mit Mängeln behaftet, empfiehlt der Architekt entsprechende Einbehalte. Müllers merken jetzt auch, dass sie sich gegen gleich mehrere Geschäftsführer von Handwerksunternehmen allein sehr schwer tun würden. Sie sind froh, dass ihnen dieses mitunter raue und schwierige Geschäft der Architekt abnimmt.

Zum Neuaufbau: Zunächst einmal werden hierzu neue Giebelwände aufgemauert und der neue Dachstuhl wird gesetzt. Er wird dann zügig mit einer Unterspannbahn versehen und mit Ziegeln gedeckt. Ebenso rasch werden alle neuen Fenster samt neuen Fensterbänken innen und außen eingebaut und alle angrenzenden Wände wieder gut angeputzt. Der Architekt will damit ein zügiges Schließen des Rohbaus erreichen. Denn bevor wertvolle Innenausbauten erfolgen können, wie zum Beispiel die Heizungs- und Warmwasserinstallation, muss der Rohbau dicht sein. Die Gefahr von Diebstahl oder Vandalismus ist sonst zu groß.

Als Nächstes werden alle neuen Innenwände, die eingezogen werden müssen, gesetzt. Im geschlossenen Haus kann nun aber problemlos im Keller auch die neue Heizungszentrale mit dem großen Speicher eingebaut werden. Da das Dach schon gedeckt ist, können direkt auch die Solarkollektoren darauf montiert und an den Warmwasserspeicher im Keller angeschlossen werden. Auch die neue Treppe ins Dachgeschoss wird zu diesem frühen Zeitpunkt bereits gesetzt. Allerdings sind die Stufen provisorisch aus einfachem Bauholz. Danach werden alle Inneninstallationen gelegt: Zu- und Abwasserleitungen, Heizungsleitungen, Strom, Leerrohre für Kabel-TV, Telefon- und Internetanschlüsse. Daran anschließend werden alle Decken und die Wände verputzt. Dies geschieht, bevor der neue Estrich hineinkommt, weil dadurch auf dem alten Rohboden gearbeitet werden kann. Gleichzeitig wird das Dach gedämmt und dann mit Tragkonstruktion zur Aufnahme einer doppelten Lage Gipskartonplatten versehen.

Erst nachdem alle Putzarbeiten im Haus fertiggestellt sind, wird auf den Böden im Haus eine Trittschalldämmung verlegt und darauf dann ein Estrich gegossen. Müllers haben sich für Gussasphaltestrich entschieden. Dieser hat den Vorteil, dass er eine deutlich geringere Aufbauhöhe hat als Zement- oder Anhydritestrich. Er kommt schon mit 3 Zentimetern statt 6 Zentimetern aus. Außerdem hat er den Vorteil, dass er heiß eingebracht werden kann, er muss also nicht über Wochen austrocknen, sondern nur über wenige Tage abkühlen. Durch den heißen Einbau bringt er auch keine Feuchtigkeit in das Bestandsgebäude.

Nach dem Estrich kommen dann die Oberflächengewerke an die Reihe: Die Tapeten und Fliesen an den Wänden und der neue Holzboden auf dem Estrich. Erst wenn das alles fertig ist, kommen dann auch die neuen Türrahmen und auch die neuen Heizkörper. Und schließlich die neuen Sanitärgegenstände, samt neuen Armaturen und Spiegeln. Ganz zum Schluss kommen dann die neuen Treppenstufen. Wenn alles fertig ist, ist es auch Zeit, die alte Haustür gegen eine neue zu wechseln. Das bringt zwar noch mal etwas Staub, Dreck und Anpassungsarbeiten, es lohnt sich aber insofern, als die alte Tür die Passage vieler Materialien, Maschinen und Menschen nicht ohne Blessuren überstanden hat. Wäre die neue Tür zu früh eingebaut worden, hätte sie das alles abbekommen.

Eigentlich hört sich das alles sehr einfach und reibungslos an. Aber so ist es natürlich nicht, denn der Umbauablauf hängt sehr stark von einer guten Umbauleitung vor Ort ab.

Die Umbauleitung vor Ort

Neben einer sinnvollen Planung, einer umfassenden und detaillierten Ausschreibung und sorgfältigen Verträgen ist eine gute Umbauleitung das vierte Standbein für die sichere Umsetzung eines Umbaus. Besonders jetzt kommt zum Tragen, dass Müllers einen Architekten aus der Umgebung gewählt haben, dem es möglich ist, die Baustelle von seinem Büro aus in etwa 15 Minuten zu erreichen. Für die Umbauleitung vor Ort verwendet der Architekt mehrere Arbeitswerkzeuge, um eine sorgfältige Baubegleitung sicherzustellen. Dazu gehören:

- Bautagebuch,
- Gesprächsprotokolle oder Aktenvermerke,
- technische Begehungen,
- Mängelrügen,
- Verzugsrügen,
- Rechnungskontrolle/Kostenkontrolle/ Abwehr von Nachforderungen,
- Kontrolle von Stundenlohnzetteln,
- Jour fixe,
- Bestandsschutzmaßnahmen.

Bautagebuch

Das Bautagebuch dient dem Architekten dazu, alle Vorkommnisse auf der Baustelle festzuhalten. Es ist ein sehr wichtiges Werkzeug, um zu jeder Zeit nachvollziehen zu können, was wann in welcher Form auf der Baustelle geschah, wer anwesend war, wer nicht, welches Wetter herrschte etc. Das Führen eines Bautagebuchs gehört zu den Grundleistungen nach der Honorarordnung für Architekten und Ingenieure. Architekten müssen dieses führen und Sie können sich wöchentlich die Kopien des Bautagebuchs aushändigen lassen. Sinnvollerweise führt man ein Bautagebuch auf vorgedruckten Seiten, damit wichtige Eintragungen nicht vergessen werden. Auch Sie als Bauherr können natürlich ein Bautagebuch führen. Kommt es zu Problemen oder Auseinandersetzungen, kann ein Bautagebuch ein wichtiges Hilfsmittel bei der Klärung sein.

Bautagebuch				Lfd. Nr.	Datum					Uhrzeit		von bis
Sonne	Wolkig	Regen	Schnee	Frost	Mo	Di	Mi	Do	Fr	Sa	So	Temp. ca. °C
Bauvorhaben:												

Anwesende

Firma	Firma	Firma
Firma	Firma	Firma

Feststellungen, Stand der Arbeiten

Anordnungen, Besprechungen, Abnahmen

Dokumentation, Fotos von

Beispiel für ein Bautagebuchblatt

Gesprächsprotokolle und Aktenvermerke

Auch Gesprächsprotokolle sind sehr nützlich. Bei wichtigen Besprechungen sollten die Protokolle auch allen Beteiligten zugesandt werden, damit sichergestellt wird, dass sie Kenntnis von der Protokollierung haben. Stimmen Beteiligte mit protokollierten Sachverhalten nicht überein und melden sich nach Zusendung des Protokolls nicht, können sie später das Nachsehen haben, wenn man sie auf die Protokollierung und fehlenden Einspruch hinweist.

Nicht immer hat man auf Baustellen die Situation einer geordneten Gesprächsführung mit anschließendem Protokoll. Vieles kommt zwischendurch hinein oder wird direkt vor Ort besprochen und vereinbart. Gerade bei Umbaustellen muss oft ad hoc eine Entscheidung getroffen werden. Häufig erreichen den Bauleiter auch Anrufe auf seinem Mobilfunkgerät, bei denen es um wichtige Klärungspunkte geht. Damit man hierbei den Überblick behält und auch eine schriftliche Dokumentation des Sachverhalts besitzt, werden über wichtige

Aktenvermerk	Lfd. Nr.	Datum	Uhrzeit von bis
Bauvorhaben:			Ort: Seite 1

Teilnehmer	**Funktion**	**Verteiler**
....	....	☐
....	....	☐
....	....	☐
....	....	☐

Lfd. Nr.	Besprechungsinhalt
....	....
....	....
....	....
....	....
....	....
....	....
....	....
....	....
....	....
....	....
....	....
....	....
....	....
....	....
....	....

Beispiel für ein Aktenvermerkblatt

Vorgänge sogenannte Aktenvermerke angelegt. Das sind Notizen, in denen Gesprächspartner, Gesprächsinhalt, gegebenenfalls Entscheidungen, Datum und Uhrzeit festgehalten werden, ferner ob es ein Telefonat oder persönliches Gespräch war. Somit bleibt nachvollziehbar, wann wer mit wem welches Gespräch mit welchem Inhalt und mit gegebenenfalls welcher Entscheidung geführt hat und wer möglicherweise wem was mitteilen sollte.

Technische Begehungen

Handwerksunternehmen können nach Fertigstellung ihrer Arbeit die Abnahme verlangen. Eine Abnahme einer handwerklichen Arbeit hat erhebliche Rechtsfolgen, die Sie im letzten Kapitel dieses Ratgebers noch ausführlich kennenlernen werden. Unter anderem beginnen damit Gewährleistungsfristen zu laufen, Beweislasten kehren sich um usw. Um solche Folgewirkungen zu verhindern, gleichzeitig aber die handwerkliche Qualität auf dem jeweiligen Stand beurteilen zu können und zum Beispiel

Abschlagszahlungen freizugeben, sollte man keine Zwischenabnahmen machen, die den Bauablauf, Gewährleistungsfristen, Beweislast usw. deutlich verkomplizieren, sondern man macht in solchen Fällen technische Begehungen, bei denen die bisherige Arbeitsqualität und der Arbeitsstand beurteilt werden. Soweit das nicht zufriedenstellend ist, gleichzeitig aber eine Rechnung über eine Abschlagszahlung vorliegt, wird diese durch den Bauleiter entsprechend gekürzt. Hierfür hat er vor allem zwei Werkzeuge: Es muss – bei sorgfältiger Vertragsvereinbarung – nur die Leistung gezahlt werden, die vor Ort auch tatsächlich erbracht wurde, und soweit bei den erbrachten Leistungen ein Mangel vorliegt, kann ein Mangeleinbehalt erfolgen.

Mängelrügen

Mängelrügen kommen im Bauablauf häufig vor. Für erfahrene Bauleiter ist dies Routine. Häufig kommt es zu der Situation, dass ein Bauleiter einen Mangel auf der Baustelle zunächst mündlich rügt und dann nachkontrolliert, ob er ausgebessert wurde. Wird auch nach einer wiederholten mündlichen Rüge nicht nachgebessert, folgt in der Regel zügig eine schriftliche Mängelrüge, um die Rechtsansprüche des Bauherrn zu wahren und auch eine Grundlage für den Geldeinbehalt zu schaffen. Gemäß BGB § 641 Absatz 3 kann üblicherweise das Doppelte des Betrags einbehalten werden, der zur Beseitigung des Mangels notwendig ist.

Nehmen wir an, durch unsachgemäße Montage einer Innentür ist ein Schaden von insgesamt etwa 150 Euro entstanden. Ein tiefer, schwerer Kratzer zieht sich über das halbe Türblatt. Dann können Sie bis zur Behebung des Mangels etwa 300 Euro von der nächsten Abschlagsrechnung einbehalten. Allerdings muss dem Handwerker auch die Gelegenheit zur Nachbesserung gegeben werden. Sie können zum Beispiel nicht einfach die Tür auf seine Kosten auswechseln lassen, bevor er Gelegenheit zum Nachbessern hatte. Sonst können ganz schnell Sie selbst ein rechtliches Problem bekommen.

Checkliste: Mängelrüge

- ☐ Datum, Gewerk, Auftrag des Unternehmens vom ...
- ☐ Genaue Beschreibung des Mangels
- ☐ Eine angemessene Frist zur Behebung des Mangels
- ☐ Bei zusätzlichen Schäden eine genaue Beschreibung der Schäden
- ☐ Schadenersatzansprüche vorbehalten
- ☐ Bei VOB-Vertrag: Ankündigung des Auftragsentzugs oder der Ersatzvornahme bei Nichteinhaltung der Frist
- ☐ Bei BGB-Vertrag: Nach Fristablauf Wahl zwischen Selbstvornahme mit Aufwendungsersatz, Ankündigung der Minderung der Vergütung oder des Rücktritts vom Vertrag

Aus solchen Gründen arbeiten erfahrene Bauleiter mit sachgerechten, **schriftlichen Mängelrügen,** indem sie den Mangel klar benennen, dem Handwerker eine Frist bis zur Nachbesserung setzen und vorsorglich weitere Schritte ankündigen, falls der Handwerker der Aufforderung zur Nachbesserung nicht nachkommt (dazu kann die Ersatzvornahme gehören, also die Beauftragung eines anderen Handwerkers auf Kosten des ursprünglich beauftragten Handwerkers zur Mängelbeseitigung). Diese Arbeitsweise folgt den rechtlichen

Anforderungen an ein korrektes Vorgehen, damit Ihre Rechtsansprüche gegenüber dem Handwerker gewahrt bleiben und nötigenfalls auch rechtlich verteidigt werden können. Ein guter Bauleiter muss daher immer die schwierige Aufgabe lösen, einerseits die Baustelle kommunikativ gut und motivierend zu führen, als Team mit den Handwerkern, andererseits aber auch immer die Rechtsfolgen genau im Blick zu haben und nötigenfalls umgehend entsprechend reagieren, wenn Rechtsansprüche des Bauherrn auf irgendeine Art und Weise gefährdet sind.

Verzugsrügen

Wenn ein Bauzeitenplan zum Vertragsbestandteil gemacht wurde, dann sind die dortigen Termine auch Vertragstermine. Sollen auch Zwischentermine Vertragstermine werden, muss dies ausdrücklich vereinbart werden. Wenn dann ein Handwerksunternehmen die vereinbarten Termine aus dem Bauzeitenplan nicht einhält und in Verzug kommt, besteht die Gefahr, dass auch alle anderen nachfolgenden Handwerksunternehmen ebenfalls in Verzug geraten werden. Das kann insofern problematisch sein, als die Handwerksunternehmen ihren Personaleinsatz natürlich geplant haben und möglicherweise das Personal, das für Ihre Umbaustelle gedacht war, nicht zur Verfügung steht.

Grundsätzlich sollte man gerade bei Umbauarbeiten die Bauzeitenpläne nicht „auf Kante nähen". Es ist sinnvoll, auch Pufferzeiten einzubauen, mindestens 10 bis 20 Prozent. Das heißt, wenn ein Unternehmen für geplante Arbeiten eigentlich 10 Tage benötigt, sollten mindestens 1 bis 2 zusätzliche Arbeitstage als Puffer zumindest eingeplant sein, um nicht sofort eine Verschiebung des gesamten Bauzeitenplans zu erhalten.

Bei Umbauten reicht bereits ein kleineres Problem aus, um solche Verzögerungen auszulösen. Ein Deckendurchbruch, der nicht läuft wie geplant, ein unerwartetes statisches Problem oder auch nur überraschend festgestellte Schadstoffe, die sehr sorgfältig entsorgt werden müssen – schon wird es zeitlich sehr eng.

Wenn ein Unternehmen in Verzug kommt, wird man zunächst schauen, was der Grund für den Verzug ist, ob also das Unternehmen selbst daran schuld ist oder ob der Verzug andere Ursachen hat. Das kann schlechtes Wetter sein, auch ein Betriebsstreik oder auch eine ungenügende Ausschreibung, die nicht mit den vor Ort vorgefundenen Verhältnissen übereinstimmt. Ist aber all das nicht der Fall, dann kann das Unternehmen eine sogenannte Verzugsrüge erhalten. Beim Verzug eines Zwischentermins kann der Endtermin möglicherweise noch gehalten werden. Ist aber bereits der Endtermin überschritten, muss man schauen, welche Folgen sich daraus ergeben. Sind keine problematischen Konsequenzen zu erkennen, kann man möglicherweise damit umgehen. Gibt es aber erheblichen Ärger, weil die nachfolgenden Gewerke nicht arbeiten können, kann es auch sein, dass man Konsequenzen ziehen muss. Üblich im Bauwesen sind sogenannte **Konventionalstrafen**, das sind Strafen, die fällig werden, wenn die vereinbarten Fristen überschritten werden.

Solche Strafen müssen aber von vornherein im Bauvertrag vereinbart gewesen sein, sonst können sie nicht einfach geltend gemacht werden. Normalerweise wird in Bauverträgen geregelt, welche Strafe in welcher Höhe bei welcher zeitlichen Überschreitung fällig wird. Üblich sind zum Beispiel Tagessatzregelungen. Ferner hält man sich Schadenersatzforderungen offen, wenn es zu Kostenerhöhungen kommt, weil die nachfolgenden Firmen nicht pünktlich beginnen können. Es ist aber immer eine Abwägungssache. Ob man Konventionalstrafen in den Vertrag aufnimmt, hängt auch vom Umfang der Arbeiten und der Höhe der Auftragssumme ab.

Abschlagsrechnungen/Rechnungskontrolle/ Abwehr von Nachforderungen

Ein zentrales Thema während der Bauphase ist die Kostenkontrolle. Für die Kostenkontrolle sind einerseits die jeweils aktuell gestellten Zwischenrechnungen wichtig und andererseits die aktuell vorliegenden Nachforderungen von Unternehmen. Solange keine Nachforderungen vorliegen und auch keine Ankündigungen von Mehraufwand, besteht die Chance, dass es bei dem Preis bleibt, der über die Ausschreibung eingeholt wurde. Bei sehr intensiven Voruntersuchungen des Bestandsgebäudes und großer Umbauerfahrung des ausschreibenden Architekten ist diese Chance gegeben. Häufig tritt aber doch noch irgendetwas Unvorhergesehenes ein, was die Kosten in die Höhe treibt. Dann muss der Bauleiter einschreiten und die zusätzliche Leistung möglichst kostengünstig verhandeln.

Bei größeren Umbaumaßnahmen wird der Handwerker nicht nur am Ende der Umbauphase eine Rechnung stellen, sondern auch zwischendurch. Hierzu ist er grundsätzlich berechtigt. Geregelt wird dies durch § 632a BGB. Es ist sinnvoll, dass Sie dessen umfangreiche Regelungen einmal aufmerksam durchlesen (siehe Kasten).

Die Regelungen des § 632a bedeuten für Sie: Sie können – auch bei kleineren Mängeln – eine Abschlagszahlung nicht in jedem Fall verhindern. Sie können aber andererseits Sicherheiten verlangen. Ferner ist es zwar so, dass eine Abschlagsrechnung auch dann gestellt werden kann, wenn unwesentliche Mängel an der Leistung vorliegen, gleichwohl können Sie Ihrerseits eine Rechnungskürzung aufgrund dieser Mängel veranlassen (nach BGB § 641 Absatz 3).

Wenn Sie eine Abschlagszahlung erhalten, stellt sich stets die Frage, ob Sie vor der Zahlung auch eine Abnahme der Leistung durchführen wollen. Es ist keinesfalls immer sinnvoll, vor jeder Abschlagszahlung auch eine offizielle Abnahme durchzuführen, zum Beispiel dann nicht, wenn ein umfassendes Gewerk (etwa Fenster) sinnvollerweise nur mit einer einzigen Abnahme abgenommen wird. Würden Sie Kellerfenster, Erdgeschossfenster, Obergeschossfenster und Dachgeschossfenster separat abnehmen, hieße dies auch, dass die Gewährleistungszeiten für die unterschiedlichen Fenster zu unterschiedlichen Zeiten begännen und unterschiedlich lange laufen würden. Denn gleichzeitig mit der Abnahme einer Leistung beginnt die Gewährleistungszeit für diese Leistung. Außerdem würden Beschädigungen bereits abgenommener Bauteile zu Ihren Lasten gehen. Es kann daher sinnvoll sein, die Leistung nur zu begutachten, aber nicht abzunehmen, damit man Rechnungskürzungen im Fall bestehender Mängel vornehmen kann. Bei der Schlussabnahme kann man dann ein Gewerk komplett abnehmen und alle Mängelvorbehalte schriftlich fixieren.

§ 632a Abschlagszahlungen

„(1) Der Unternehmer kann von dem Besteller für eine vertragsgemäß erbrachte Leistung eine Abschlagszahlung in der Höhe verlangen, in der der Besteller durch die Leistung einen Wertzuwachs erlangt hat. Wegen unwesentlicher Mängel kann die Abschlagszahlung nicht verweigert werden. § 641 Abs. 3 gilt entsprechend. Die Leistungen sind durch eine Aufstellung nachzuweisen, die eine rasche und sichere Beurteilung der Leistungen ermöglichen muss. Die Sätze 1 bis 4 gelten auch für erforderliche Stoffe oder Bauteile, die angeliefert oder eigens angefertigt und bereitgestellt sind, wenn dem Besteller nach seiner Wahl Eigentum an den Stoffen oder Bauteilen übertragen oder entsprechende Sicherheit hierfür geleistet wird.

(2) Wenn der Vertrag die Errichtung oder den Umbau eines Hauses oder eines vergleichbaren Bauwerks zum Gegenstand hat und zugleich die Verpflichtung des Unternehmers enthält, dem Besteller das Eigentum an dem Grundstück zu übertragen oder ein Erbbaurecht zu bestellen oder zu übertragen, können Abschlagszahlungen nur verlangt werden, soweit sie gemäß einer Verordnung auf Grund von Artikel 244 des Einführungsgesetzes zum Bürgerlichen Gesetzbuche vereinbart sind.

(3) Ist der Besteller ein Verbraucher und hat der Vertrag die Errichtung oder den Umbau eines Hauses oder eines vergleichbaren Bauwerks zum Gegenstand, ist dem Besteller bei der ersten Abschlagszahlung eine Sicherheit für die rechtzeitige Herstellung des Werkes ohne wesentliche Mängel in Höhe von 5 vom Hundert des Vergütungsanspruchs zu leisten. Erhöht sich der Vergütungsanspruch infolge von Änderungen oder Ergänzungen des Vertrages um mehr als 10 vom Hundert, ist dem Besteller bei der nächsten Abschlagszahlung eine weitere Sicherheit in Höhe von 5 vom Hundert des zusätzlichen Vergütungsanspruchs zu leisten. Auf Verlangen des Unternehmers ist die Sicherheitsleistung durch Einbehalt dergestalt zu erbringen, dass der Besteller die Abschlagszahlungen bis zu dem Gesamtbetrag der geschuldeten Sicherheit zurückhält.

(4) Sicherheiten nach dieser Vorschrift können auch durch eine Garantie oder ein sonstiges Zahlungsversprechen eines im Geltungsbereich dieses Gesetzes zum Geschäftsbetrieb befugten Kreditinstituts oder Kreditversicherers geleistet werden."

Kontrolle von Stundenlohnzetteln

Beliebt bei Handwerkern sind sogenannte Stundenlohnzettel. Das sind kleine Zettel der Handwerksunternehmen, auf denen sie ihre Arbeitsstunden vermerkt haben und die sie sich gern vom Bauleiter oder Bauherrn gegenzeichnen lassen. Diese Unterschrift bedeutet zumeist die Anerkennung der erbrachten Stundenleistung. Üblicherweise wird über die Ausschreibung aber die zu erbringende Leistung festgelegt. Sie ist dort auch kalkuliert und Zusatzleistungen, die dem Handwerker notwendig erscheinen, müssen vorab angekündigt werden, sonst kann er das Recht auf Vergütung ganz oder teilweise verlieren.

Tipp: Wenn plötzlich Stundenlohnzettel auf der Baustelle auftauchen, stimmt etwas nicht. Denn entweder wird dann eine Zusatzleistung oder eine Nachtragsarbeit ausgeführt, weil die ursprünglich kalkulierte Leistung für die Vor-Ort-Anforderungen nicht ausreichend war. So kann es zum Beispiel sein, dass eine Spezialmaschine samt Personal temporär eingesetzt

Jour fixe | Lfd. Nr.

Bauvorhaben:

Besprechungspunkte	**zu erledigen von** (Name/Firma)	**bis**
1. ………………………………	………………………………	………………
2. ………………………………	………………………………	………………
3. ………………………………	………………………………	………………
usw. (fortlaufende Nummerierung)		
………………………………	………………………………	………………
………………………………	………………………………	………………
………………………………	………………………………	………………
………………………………	………………………………	………………
………………………………	………………………………	………………
………………………………	………………………………	………………
………………………………	………………………………	………………

Anwesende/Beteiligte (Namentliche Auflistung aller am Jour fixe Anwesenden/Beteiligten)

……………………………………………………………………

……………………………………………………………………

Datum/Unterschriften (alle Beteiligten)

……………………………………………………………………

……………………………………………………………………

……………………………………………………………………

Beispiel eines Jour-fixe-Blattes

werden musste und dafür dann ein Stundenzettel vorgelegt wird. Legt man Ihnen so etwas vor, sollten Sie das grundsätzlich nicht unterzeichnen, sondern immer um Rücksprache mit Ihrem Architekten bitten. Dieser nämlich wird sich, bevor er einen solchen Maschineneinsatz genehmigt, die Kosten dafür benennen lassen und gegebenenfalls Alternativen suchen. Nur wenn ihm die Kosten angemessen erscheinen, wird er einem solchen Einsatz auch zustimmen.

Erfahrene Bauleiter unterzeichnen Stundenlohnzettel ohnedies praktisch nie direkt auf der Baustelle. Wenn solche Zettel vorgelegt werden, erfolgt üblicherweise zügig eine Prüfung im Büro und dann nötigenfalls auch schriftliche Zurückweisung der Stundenlohnforderung. Denn unternimmt man gar nichts und heftet solche Zettel nur ab, kann das ebenfalls unangenehme Folgen haben. Es könnte rechtlich dahingehend interpretiert werden, dass man die Stundelohnforderung akzeptiert hat.

Jour fixe

Ein Jour fixe ist frei übersetzt ein „fixierter Tag“. Man versteht darunter einen Tag, den man festlegt, um sich routinemäßig mit allen Beteiligten zu treffen. Häufig wird der Montag oder der Freitag für einen solchen Tag gewählt. An einem solchen Jour fixe besprechen alle Beteiligten anliegende Sachverhalte, Vorgänge und/oder Probleme. In vielen Bauverträgen ist die verpflichtende Teilnahme an Jour-fixe-Terminen geregelt. Hintergrund ist, dass es sonst sehr schwierig sein kann, die Beteiligten an einen Tisch zu bekommen. Wenn auf Ihrer Baustelle gleichzeitig fünf bis sieben Gewerke arbeiten, können Sie sich ausmalen, dass es nicht einfach wird, wöchentlich gemeinsam mit allen Beteiligten einen Termin zu finden, vor allem mit den Polieren oder auch den Inhabern oder Geschäftsführern der beteiligten Handwerksunternehmen. Wenn hingegen von vornherein feststeht, dass es auf Ihrer Baustelle einen Jour fixe geben wird, kann sich jeder darauf einstellen. Bei kleinen Umbauvorhaben ist es üblicherweise völlig ausreichend, wenn der jeweilige verantwortliche Polier, also der Vorarbeiter vor Ort eines Handwerksunternehmens teilnimmt. Da aber nicht alle Gewerke gleichzeitig auf der Baustelle tätig sind, sollten die Poliere im Zweifel auch dann kommen, wenn sie noch nicht auf der Baustelle tätig sind, um Einwände rechtzeitig erheben zu können, zum Beispiel der Zimmermann gegenüber dem Rohbauer oder der Heizungsinstallateur gegenüber dem Estrichleger und umgekehrt.

Von jedem Jour fixe wird ein fortlaufendes Protokoll angefertigt, das jeder Beteiligte erhält. So kann über die gesamte Bauzeit hinweg nachvollzogen werden, welche wechselseitigen Abstimmungen in welcher Form getroffen wurden. Ansonsten kommt es ganz schnell dazu, dass jeder alles auf den anderen oder eine angeblich andere Absprache schiebt.

Typische Umbaudetails

Das nachfolgende Kapitel gibt Ihnen einen Überblick über die häufigsten und typischen Probleme beim Umbau von Bauteilen.

Egal, was man in welcher Weise umbaut: Meist stößt man auf die immer wieder gleichen Probleme, die es zu lösen gilt. Wie Sie schon an anderer Stelle im Buch erfahren konnten, handelt es sich bei den umzubauenden Bauteilen, die Probleme verursachen können, vorrangig um die folgenden:

- Keller,
- Fassade,
- Fenster,
- Türen,
- Rollläden,
- Dach und Dachstuhl,
- Böden,
- Wände,
- Decken,
- Treppen,
- Heizungsinstallation,
- Sanitär-/Wasserinstallation,
- Elektroinstallation,
- Terrassen,
- Balkone.

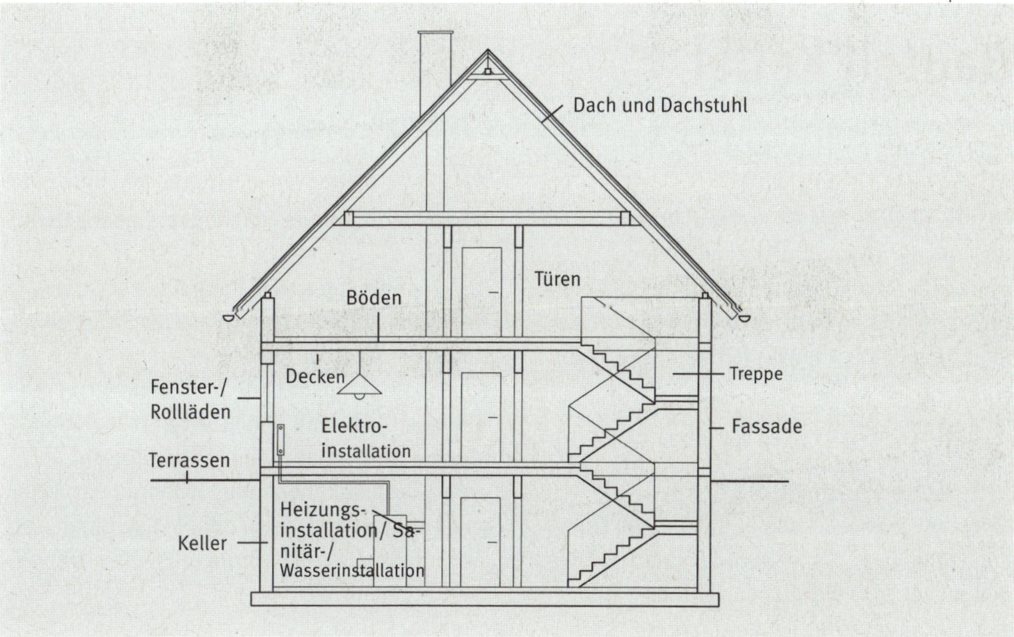

Bauteile eines Hauses

Zu allen diesen Bauteilen finden Sie in den folgenden Abschnitten detaillierte Erläuterungen zu Problemen und Lösungen jeweils mit einigen Fotobeispielen. Sie können auf diese Weise gut erkennen, wie man Probleme in der Praxis lösen kann. Ein bei Umbauten erfahrener Architekt kennt diese Probleme und hat sie im Hinterkopf, wenn er an die Umbauplanung eines Bestandsgebäudes geht. Es ist aber sinnvoll, dass auch Sie sich damit auseinandersetzen, damit Sie die richtigen Fragen stellen und Probleme möglichst auf Augenhöhe diskutieren können.

Hintergrund ist, dass jeder dieser Eingriffe erhebliche Kosten verursacht. Wenn Sie also Ihr Ziel baulich einfacher erreichen können, dann bedeutet dies auch immer eine Kostenersparnis. Einfach heißt übrigens nicht: räumlich, architektonisch oder ästhetisch weniger anspruchsvoll. Auch für hohe architektonische und ästhetische Ansprüche lassen sich einfache und kostengünstige Lösungen finden. Und umgekehrt kann man auch mit viel Geld mehr als fragwürdige architektonische und ästhetische Planungen umsetzen. Je zurückhaltender und neutraler Lösungen sind, umso eher, werden Sie übrigens auch den Geschmack anderer Menschen treffen können, was dem Wiederverkaufswert eines Gebäudes zuträglich sein kann.

Bauteil Keller

Allgemeine Probleme

Zu den allgemeinen Problemen alter Keller gehören vor allem Undichtigkeit, eingeschränkte Tragfähigkeit, kleine oder gar keine Fenster (keine ausreichende Belichtung und Belüftung), fehlende Wärmedämmung, nicht mögliche Beheizbarkeit, ungünstige Raumaufteilung, niedrige Raumhöhe.

Mögliche Lösungen

Einen Kellerumbau kann man aus zwei Gründen vornehmen: Entweder will man den Keller neu nutzen – zum Beispiel als Hobby- oder sogar Wohnraum – oder aber man will den bestehenden Keller einfach nur instandsetzen, damit langfristige Folgeschäden (zum Beispiel durch eindringende Feuchtigkeit) ausbleiben.

Kellersanierungen sind sehr aufwendig. Das liegt ganz einfach daran, dass der Keller ein Bauteil ist, dass unter der Erde liegt und zunächst einmal überall dort freigelegt werden muss, wo man Sanierungen vornehmen möchte oder muss. Wenn es darum geht, in einen alten Keller erstmals Wohnraum zu bringen, müssen drei Dinge erfüllt sein, damit der Wohnraum die Anforderungen der Landesbauordnungen erfüllt:

- Die **Raumhöhe** muss 2,40 Meter betragen (Ausnahmen: Baden-Württemberg 2,30 Meter und Berlin 2,50 Meter).
- Es muss eine natürliche **Belichtung** und **Belüftung** gegeben sein. Die Belichtung muss zumindest 10 Prozent der Raumgrundfläche betragen (bei einem 10 m^2 großen Raum also 1 m^2).
- Es muss eine **Beheizung** des Raums auf zumindest 20 Grad Celsius möglich sein.

Viele Keller sind schon wegen ihrer geringen Raumhöhe nicht zum Ausbau geeignet. Sie können als Privatperson zwar ohne Weiteres auch Räume unterhalb der von der Landesbauordnung geforderten Raumhöhe nutzen, aber sie können diese Räume nicht offiziell vermieten (zum Beispiel als Einliegerappartement) oder bei Weiterverkauf des Hauses als Wohnraum angeben. Es ist aus solchen Gründen eigentlich wenig sinnvoll, niedrige Keller nachträglich auszubauen. Selbst die zulässige Raumhöhe von 2,30 Meter in Baden-Württemberg nach Landesbauordnung ist bereits grenzwertig. Man kann eine solche Raumhöhe schnell als „drückend" empfinden, vor allem bei größeren Räumen. Alle anderen Bundesländer verlangen ja auch höhere Räume.

Selbst wenn die Raumhöhe stimmt, sind die nächsten Probleme häufig die Undichtigkeit des Kellers, die fehlende Wärmedämmung, zu kleine Fenster und nicht ausreichende Durchlüftungsfähigkeit. Wenn ein zuvor nicht bewohnter Keller in einen bewohnten Keller gewandelt wird, ändert sich die gesamte **Bauphysik.** Denn bislang war der Keller möglicherweise ein ganzjährig kalter Keller, in dem gegebenenfalls nur einige Nahrungsmittelvorräte lagerten. Wird er nun dauerhaft bewohnt und beheizt, heißt dies zum Beispiel, dass die Kellerluft deutlich mehr Feuchtigkeit aufnehmen kann – wenn sie beheizt ist. Kühlt sie dann aber irgendwo stark ab, zum Beispiel aufgrund einer Wärmebrücke zwischen einem beheizten und einem unbeheizten Kellerbereich, kann sich Feuchtigkeit an Stellen ablagern, wo sie sich bislang nie ablagerte. Das kann zu Schimmelbildung führen.

Hinzu kommt, dass durch die Bewohnung natürlich auch erhebliche Mengen zusätzlicher **Feuchtigkeit** in den Keller getragen werden. Auch diese neue, zusätzliche Innenluftfeuchtigkeit ist eine große Herausforderung für den Keller. Geht die zusätzliche Luftfeuchtigkeit zum Beispiel von einem neuen Schlafzimmer im Keller aus und ist die Kellerwand nicht gedämmt, kann es sein, dass ein typisches Problem auftritt: Die Luftfeuchtigkeit im Schlafzimmer ist meist hoch, gleichzeitig sind Schlafzimmer aber oft diejenigen Räume, die man eher ungern heizt. Hat das Schlafzimmer durch zu kleine Fenster zusätzlich noch eine schwierige Durchlüftung, verbleibt die hohe Luftfeuchtigkeit im Raum und kann nicht zügig ausgelüftet werden. Die Luftfeuchtigkeit kann aber auch von der Raumluft nicht gehalten werden, wenn deren Temperatur zu niedrig ist, sodass sie diese Feuchtigkeit vor allem an die Innenoberflächen der kalten Außenwände abgibt. Dort dringt die Feuchtigkeit über die Tapete meist in tiefere Schichten ein und kann so Schimmelbildung und Feuchtigkeitsschäden hervorrufen. Dieses Problem tritt sehr häufig bei nachträglichen Kellerausbauten auf.

Als Gegenmaßnahme müssen alle Kelleraußenwände und Kellerinnenwände von beheizten zu unbeheizten Bereichen gedämmt, eine

Blick in alten Keller

Alte Kelleraußenwand

dauerhafte Beheizungsmöglichkeit installiert und die Fenster zur Durchlüftung müssen vergrößert und über Lichthöfe statt über Lichtschächte an die natürliche Belichtung und Belüftung angebunden werden.

All das ist sehr aufwendig und damit auch sehr teuer, weswegen zum nachträglichen Ausbau von Bestandskellern nur sehr bedingt geraten werden kann. Zumal das Wohngefühl in Kellern eher sehr bescheiden ist. Fast immer ist ein Dachgeschossausbau die bessere und langfristig sinnvollere Lösung. Man kommt an dieses Bauteil viel einfacher heran und es ist für die meisten Menschen viel angenehmer, unter dem Dach zu wohnen als im Keller.

Praxishinweise

Kellerwandfeuchtigkeit kann die unterschiedlichsten Ursachen haben, es muss nicht nur von außen eindringende Feuchtigkeit sein. Selbst bei Abdichtung der Wand von außen kann es sein, dass aufsteigende Feuchtigkeit sich in der Wand hocharbeitet.

Alte **Sandsteinkeller** kann man zum Beispiel mit einem dichten Putz schädigen, wie einem Zementputz, oder mit einer Außenabdichtung, etwa einer Bitumenbeschichtung. Gerade alte Bauteile sollte man mit besonderer Vorsicht behandeln. Hier hilft nur, dass ein erfahrener Fachmann vor Ort die Sache in Augenschein nimmt und einen ausgewogenen Sanierungsvorschlag macht, der die Bauphysik des Kellers berücksichtigt (siehe hierzu auch den Ratgeber „Feuchtigkeit im Haus“ der Verbraucherzentrale, Seite 224).

Kellerwände sollten immer nur einzeln und nacheinander aufgegraben und gedämmt werden. Soweit möglich, sollten dann auch Drainagen gelegt werden, die das Wasser von außen rasch abführen.

Kellerfenster unter Bewohnung können Feuerfluchtwege sein und müssen entsprechend groß und gut erreichbar sein.

Bei Einbau von Wärmedämmung und Estrich auf der **Bodenplatte** des Kellers verlieren Sie zusätzlich ca. 12 Zentimeter Raumhöhe.

Bauteil Fassade

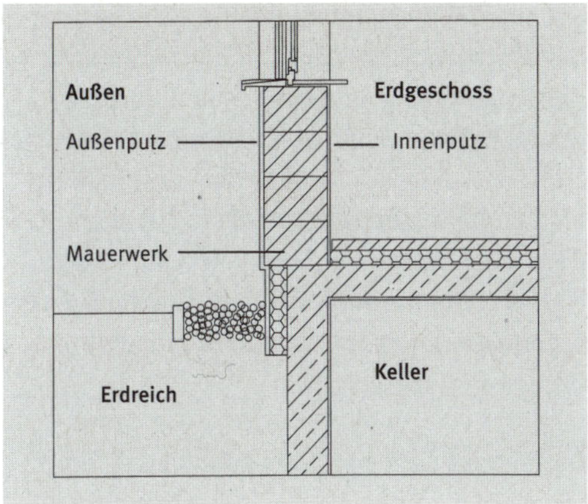

Schnitt durch eine Fassade

Allgemeine Probleme

Die meisten Bestandsgebäude in Deutschland sind Massivgebäude. Das heißt, üblicherweise trifft man auf Mauerwerk mit einer Putzfassade. Der **Putz** kann in sehr unterschiedlichem Zustand sein. Vielleicht hält er noch gut, ebenso ist möglich, dass er flächendeckend abblättert. In der überwiegenden Zahl der Fälle wird man Putz direkt auf der gemauerten Wand antreffen. Aber auch Putz auf einer Dämmlage kommt vor. Häufig findet sich eine Hartschaumdämmung, wie zum Beispiel Polystyrol-Hartschaum, im Volksmund auch Styropor genannt. Ist diese Dämmung nicht mehr zeitgemäß, zum Beispiel weil sie deutlich zu dünn ist, sollte Sie dies nicht weiter überraschen. Oft haben ältere Häuser, die gedämmt wurden, Dämmlagen von nur wenigen Zentimetern (5, 8 oder auch 10 Zentimeter). Für eine neue Dämmung müsste die alte Dämmung erst einmal von der Hauswand entfernt werden.

Vor allem in Norddeutschland stößt man häufig auf eine **Klinker- oder Ziegelverblendung** des Außenmauerwerks. Manchmal befindet sich zwischen dem Außenmauerwerk und der Ziegelverblendung eine Dämmlage, eine sogenannte Kerndämmung. Bei älteren Gebäuden ist der Ziegel entweder direkt vor das Außenmauerwerk gesetzt oder aber als sogenannte hinterlüftete Fassade mit Abstand zum Außenmauerwerk.

Bei neueren Gebäuden finden Sie manchmal auch nur **„Riemchen“** vor. Das sind dünne Platten, die auf die Außenwand geklebt werden und wie eine Ziegelverblendung aussehen, aber eher eine Art Außenwandfliesen sind.

Es gibt auch **Außenverschalung** mit anderen Baustoffen, etwa Verkleidungen mit Asbestzementplatten, Holzverschalungen oder anderes.

Bei älteren Gebäuden stößt man häufig auf **Zierwerk**, zum Beispiel Sandsteinfensterbänke und Fenstereinfassungen, sowie Flächenzierwerk an der Wand selbst. Solche Außenwände, ebenso wie Ziegelaußenwände, können Sie nicht einfach mit Dämmung einpacken. Sie würden damit den Charakter des Hauses drastisch verändern – und was vielen nicht klar ist: auch den Wert des Hauses, und zwar negativ. Denn ansprechende und ästhetische Architektur ist ein Wert, der auf dem Immobilienmarkt zunehmend auch bezahlt wird (je seltener solche Gebäude werden). Das heißt, die Erhaltung wertvoller Architektur, also zum Beispiel einer wertvollen Fassade, ist immer auch eine Werterhaltungsmaßnahme in Ihrem ureigensten Interesse.

Minderwertige Außenverkleidungen hingegen schmälern meist auch den Wert eines Hauses. Das gilt vor allem für Asbestzement-Verkleidungen oder Verkleidungen mit Kunststoffpaneelen.

Ein Problem vieler Fassaden ist der **Sockel.** Dieser ist letztlich aber ja nichts anderes als der obere Bereich der Kelleraußenwand. Wenn hier Putz abblättert oder sich Feuchtigkeit zeigt, dann kann das ein Problem der Kelleraußenwand an sich sein (siehe hierzu Bauteil Keller, Seite 84 ff.).

Mögliche Lösungen

In den allermeisten Fällen lässt sich relativ problemlos ein modernes Wärmedämmsystem auf eine alte, gemauerte Hauswand aufbringen. Es kann in der Hauswand verdübelt werden oder verklebt oder vermörtelt werden. Der betreuende Architekt kann Lösungsvarianten bei einer Hausuntersuchung eingrenzen und dann entsprechend ausschreiben.

Ist das Haus bereits gedämmt, jedoch nicht ausreichend, muss geklärt werden, um welche Dämmung es sich handelt und ob auf diese einfach eine weitere gesetzt werden kann oder ob die alte Dämmung zuvor demontiert und entsorgt werden sollte. Auch das ist eine Sache, die der umbaubegleitende Architekt vorab untersuchen und entsprechend ausschreiben kann. Interessanterweise ist es meist einfacher, wenn man ein noch gar nicht gedämmtes Haus erworben hat, das sich dann aber relativ einfach nachdämmen lässt; bei einem nicht optimal gedämmten Haus muss man dann möglicherweise zunächst einmal aufwendig die alte Dämmung entfernen und entsorgen.

Bei einer **Ziegelverkleidung** des Hauses oder bei wertvollem **Zierwerk** sollte man auf eine Außendämmung verzichten – im Interesse der Architektur und im Interesse der Werterhaltung. Man kann in einem solchen Fall über eine umfassende Innendämmung in allen Räumen nachdenken. Eine Innendämmung ist zwar bauphysikalisch ungünstiger als eine Außendämmung, sie kann aber trotzdem gute Dämmwirkungen erzielen.

Dafür muss sehr sorgfältig geplant werden. Denn ein möglicherweise über Jahrzehnte oder gar Jahrhunderte funktionierendes Außenwandsystem wird mit einer Innendämmung radikal verändert. Die Außenwand ist innenseitig dann zum Beispiel nicht mehr einer gewissen Wärmeabgabe ausgesetzt. Diese Wärmeabgabe direkt in die Außenwand kann durchaus auch positive Einflüsse gehabt haben. Vor allem dann, wenn es trockene, warme Luft war, die beim Herunterkühlen an und in der Wand keine Feuchtigkeit an die Wand abgegeben hat, sondern möglicherweise, sogar Feuchtigkeit aus der Wand aufgenommen hat. Auch aus solchen Gründen ist es sinnvoll, einen sehr umbauerfahrenen Architekten einzuschalten, der diese Probleme gut kennen sollte und mit seiner Planung entsprechend umsichtig reagiert. Sonst droht die Gefahr, dass man sich bauphysikalische Folgewirkungen und damit Probleme ins Haus holt, die man ohne Innendämmung gar nicht gehabt hätte.

Ist auf der Außenwand eine **Asbestzement- oder Kunststoffpaneeleverkleidung** angebracht, kann man eine solche Verkleidung samt Unterkonstruktion meist relativ problemlos entfernen. Wenn es sich allerdings um Asbest-zementplatten handelt, kann die Demontage und die Entsorgung teuer werden, da viele Sicherheitsbestimmungen eingehalten werden müssen, um Menschen und Umwelt zu schützen. So darf man Asbestzementplatten beispielsweise nicht einfach in einen Schuttcontainer werfen. Denn sie würden beim Aufschlagen zerbrechen und mit dem dann entstehenden Staub Asbestfasern in die Umwelt freisetzen. Sie müssen vorsichtig demontiert und zwischengelagert werden.

Eher selten ist unterhalb solcher Verkleidungen auch eine Dämmung. Denn diese Außenwandverkleidungen wurden in den 1960er- und 1970er-Jahren den Bewohnern eher als „Sorglospaket" für die langfristige Außenwandpflege verkauft und nicht als Dämmmaßnahme.

Wenn die **Demontage** und der **Neuaufbau** einer solchen Außenfassade Ihr aktuelles Budget übersteigt, kann es sogar besser sein, dass man die alte Hausfassade noch bestehen lässt und gar nicht erst anrührt. Denn nur mit der Entfernung der alten Fassade ist es meist nicht getan. Das Haus muss im Anschluss meist zumindest neu gestrichen werden. Der Anstrich wäre aber nicht wirklich sinnvoll, wenn Sie das Haus ohnehin in ein paar Jahren neu dämmen wollen. Dann lebt man lieber ein paar Jahre mit einer alten Fassade und geht sie später richtig an.

Handelt es sich bei einer Außenfassade um eine denkmalgeschützte Fassade und Sie wollen hier Eingriffe vornehmen, muss die zuständige Denkmalschutzbehörde gehört werden (siehe auch Hinweise zum Denkmalschutz, Seite 162f.).

Praxishinweise

Fehlt das Geld für eine umfassende **Fassadenerneuerung**, kann man die alte Fassade zunächst einmal komplett unangetastet lassen. Selbst wenn das Geld noch für neue Fenster reichen sollte, sollte man sich diese Investition gut überlegen. Denn neue Fenster sollten heutzutage bereits dreifachverglaste Wärmedämmfenster sein. Es kann aber sein, dass Ihnen diese mehr Probleme als Lösungen bringen, wenn sie nicht gleichzeitig mit einer neuen Fassadendämmung eingebaut werden. In einer alten Fassade etwa, in die einfach neue Fenster eingebaut werden, können bauphysikalische Probleme auftreten, beispielsweise wenn die neuen Fenster einen höheren Wärmedämmwert aufweisen als die angrenzende Wand. Das kann dazu führen, dass sich die Innenraumluftfeuchte nicht mehr an den Glasscheiben niederschlägt und einfach abläuft, sondern in die angrenzenden Wände kriecht, was wiederum zu Schimmelbildung führen kann.

Fassadendämm- und -anstricharbeiten sollten immer am Schluss eines Umbauvorhabens vorgenommen werden. Zunächst kommen Rohbauarbeiten, also zum Beispiel Durchbrüche neuer Fenster in die Fassade. Dann das Setzen der Fenster und der Innenausbau. Erst wenn das alles fertig ist, dämmt und verputzt man auch die Außenfassade, damit sie möglichst geringer Beschädigungsgefahr ausgesetzt ist.

Eine wertvolle alte Haustür sollte man während der Arbeiten auf alle Fälle herausnehmen und durch eine einfache Bautür ersetzen. Der

Dämmung der Fassade

Verputzen der Fasssade

Rahmen der alten Haustür muss mit einem Überrahmen aus Holz geschützt werden. Ein umbauerfahrener Architekt weiß dies eigentlich und wird dem gesamten Thema Bestandsschutz besondere Aufmerksamkeit schenken. Denn er wird auf gleiche Weise auch wertvolle alte Innentüren, Treppen, Wände oder Böden schützen müssen, damit nichts passiert (siehe hierzu auch Hinweise zum Bestandsschutz, Seite 163).

Tipp: Viele nützliche Informationen zu diesem Thema liefert Ihnen auch der Ratgeber der Verbraucherzentrale „Wärmedämmung. Vom Keller bis zum Dach" (www.vz-ratgeber.de).

Bauteil Fenster

Allgemeine Probleme

Sie können bei Bestandsgebäuden auf die unterschiedlichsten Fenster treffen. Von einfachverglasten alten Holzfenstern über Zwei scheiben-Kunststofffenster bis zur Dreischeiben-Wärmeschutzverglasung in Holz-Aluminium-Kombination. Manchmal haben die Vorbesitzer des Hauses die Fenster auch ausgetauscht. So kann es sein, dass ein Haus aus den 1950er-Jahren, das ursprünglich mit Einfachverglasungen im Holzrahmen ausgestattet war, später eine Isolierverglasung mit Kunststoffrahmen erhalten hat.

Ob man die Fenster eines Bestandsgebäudes auswechselt oder nicht, hängt aber nicht nur vom Fensterzustand ab, sondern natürlich auch davon, ob man möglicherweise bauliche Änderungen bei den Fenstern vornehmen will oder nicht. Das heißt, ob man Fenster zum Beispiel vergrößern oder versetzen will. Möchte man das tun, muss im Zuge der Hausuntersuchung auch geklärt werden, ob dies statisch ohne Weiteres möglich ist. Denn Außenwände sind fast immer auch tragende Wände, auf denen ja zum Beispiel die Decke aufliegt. Wenn man also in einer solchen Außenwand eine Vergrößerung eines Außenwanddurchbruchs vornimmt, dann hat das natürlich statische Konsequenzen. Manchmal ist das relativ problemlos zu lösen, indem zum Beispiel ein neuer Unterzug über das Fenster gesetzt wird, manchmal muss aber auch das Fenster anders geplant werden als gewünscht, um unnötige Mehrkosten wegen sehr aufwendiger statischer Umbauten zu vermeiden. Ein umbauerfahrener Architekt sollte dies bei seinen Voruntersuchungen im Blick haben, denn alle Arbeiten rund um einen Fensterausbruch müssen ja in die Ausschreibung, damit sie auch bei den Kosten berücksichtigt sind.

Wärmeschutz

Fenster, die bei Umbauten gewechselt werden, müssen Mindestanforderungen an den sogenannten U-Wert (Transmissionswärmeverlustwert, der die Höhe des Wärmeverlustes beschreibt) erfüllen, den die Energieeinsparverordnung (EnEV) vorschreibt (siehe hierzu auch Hinweis zur EnEV, Seite 152 ff.). Je niedriger der U-Wert, umso besser ist er. Ein sehr guter U-Wert für Fenster liegt bei 0,5 bis 0,7, der schlechteste U-Wert, den die EnEV für Fassaden-Außenfenster bei Bestandsmodernisierungen noch zulässt, bei 1,3.

Manchmal wird der U-Wert des Fensters auch getrennt angegeben, jeweils bezogen auf den Fensterrahmen und das Fensterglas. Dann finden Sie in Produktbeschreibungen keinen U-Wert für das Fenster insgesamt, sondern entweder einen U-Wert für den Fensterrahmen (Uf) oder einen U-Wert für das Fensterglas (Ug). Besonders hilfreich ist das nicht, denn am Ende zählt natürlich der U-Wert des Fensters insgesamt. Ein guter Ug-Wert kann durch einen schlechten Uf-Wert relativ wertlos sein – und umgekehrt.

Wenn Sie neue Fenster für Ihr Gebäude aussuchen, ist der U-Wert bedeutsam, denn die EnEV gibt maximal zulässige U-Werte an (siehe Hinweise zur Energieeinsparverordnung, Seite 152 ff.). Diese dürfen durch neu eingebaute Fenster dann nicht übertroffen werden, wenn Sie mehr als 10 Prozent der Fenster auswechseln. Wechseln Sie also beispielsweise von zwanzig etwa gleich großen Fenstern zwei aus, liegen Sie gerade noch innerhalb der Toleranz. Wechseln Sie drei aus, liegen Sie bereits darüber. Aber selbst wenn Sie nur ein Fenster auswechseln, kann es sinnvoll sein, die vorgegebenen U-Werte einzuhalten. Sie können dann sukzessive die Wärmedämmung Ihrer Fenster verbessern.

Sonnenschutz

Neben der Wärmedämmung ist auch die Sonnenschutzwirkung von Fenstern wichtig. Hierfür gibt es den sogenannten g-Wert, den Gesamtenergiedurchlasswert. Er beschreibt, wie viel Wärme durch ein Fenster in ein Gebäude eindringt. Auch dieser sogenannte sommerliche Wärmeschutz muss beachtet werden, soll das Entstehen eines Treibhauseffekts im Gebäude verhindert werden. Je kleiner der g-Wert, desto größer ist der Sonnenschutz. Gute Sonnenschutzwerte (g-Werte) liegen bei 0,15, geringe Sonnenschutzwerte (g-Werte) liegen bei 0,85.

Schallschutz

Wichtig ist auch die Schallschutzeigenschaft eines Fensters. Glas hat einerseits zwar ein hohes Eigengewicht und damit eigentlich gute Voraussetzungen, als Schallschutz zu fungieren, andererseits sind Fenstergläser relativ dünn und nur umlaufend im Rahmen eingebunden, sodass sie sehr einfach zum Schwingen gebracht werden können. Dies geschieht vor allem dann, wenn die auf die Gläser treffenden Schallwellen die gleiche Schwingungsfrequenz haben wie die Eigenschwingungsfrequenz des Glases. Durch diese Überlagerung kann sich die Schwingung extrem verstärken und der Schall relativ ungehindert durch das Glas hindurchtreten.

Einbruchschutz

Der Einbruch in ein Gebäude erfolgt fast immer über Türen oder Fenster, praktisch nie durch eine Wandbohrung oder ähnliches. Ein Einbruchversuch wird meist sehr rasch abgebrochen, wenn sich herausstellt, dass er schwieriger durchzuführen ist als geplant. Man spricht von der sogenannten **Widerstandszeit**, die ein Fensterelement oder ein Türelement einem Einbrecher entgegensetzt.

Die meisten Einbrecher zerstören bei einem Einbruchversuch nicht die Scheibe, da sie das Verletzungsrisiko vermeiden wollen und außerdem der Krach die Aufmerksamkeit der Nachbarschaft erregen kann. In der Regel wird der Fensterflügel aus dem Rahmen gehebelt, was ohne entsprechende Sicherungen innerhalb von 20 Sekunden erfolgen kann und so gut wie geräuschlos ist. Wichtig ist also ein **kombiniertes Sicherheitssystem**, das Scheibe, Rahmen und Beschläge mit einbezieht.

Tipp: Die Kriminalpolizei hat in fast jeder größeren Stadt Beratungsstellen, in denen sie zum Thema Einbruchschutz ausführlich und kostenfrei berät. Außerdem gibt sie Informationen im Internet unter www.einbruchschutz.polizei-beratung.de und unter www.polizei-beratung.de

Sicherheitsglas

Es kann sein, dass Sie beim Umbau Ihres Hauses an bestimmten Stellen Sicherheitsgläser benötigen, zum Beispiel in Brüstungsbereichen. Oder aber Sie wollen bestehende Fenster zu Fenstertüren erweitern und benötigen daher Sicherheitsgläser. Sicherheitsgläser sollen verschiedene Funktionen erfüllen: Sie sollen einerseits bei Glasbruch umstehende Personen vor Verletzungen schützen und andererseits Glasbruch an sich entweder verhindern oder steuern.

Mögliche Lösungen

Der Einbau neuer Fenster sollte immer abgestimmt werden mit der Wärmedämmung der Fassade. Denn – wie erwähnt – können Sie beim Einbau hochwärmegedämmter Fenster in eine überhaupt nicht oder schlecht gedämmte Außenwand erhebliche Probleme bekommen. Wie beschrieben, kann es sein, dass nicht mehr – wie ursprünglich – das Fenster das kälteste Außenbauteil ist, sondern die angrenzende Wand. Dann wird sich die Luftfeuchtigkeit in der Raumluft nicht mehr am Fenster niederschlagen, sondern an den angrenzenden Wänden, was dort zu Schimmelbildung führen kann.

Wenn das Geld nicht reicht, um gleichzeitig neue Fenster einzubauen und die Fassaden zu dämmen, sollte man überlegen, mit den alten

Fenster noch eine Weile zu leben, bis man sich beides leisten kann. Wenn es allerdings zu umfangreicheren Umbauten kommt und auch Fenster in ihrer Lage und Größe verändert werden, müssen natürlich neue Fenster eingebaut werden. Dann ist es sinnvoll, alle Fenster in einem Zug zu wechseln, da man die Fenster dann meist auch etwas günstiger erhält.

Reicht das Geld dann nicht mehr für eine Außendämmung, ist es vernünftig, an anderer Stelle zu sparen, um die Fassade vollständig fertigzustellen und nicht halbfertig zurückzulassen. Hatte man beispielsweise parallel auch einen Dachgeschossausbau vor, kann man überlegen, diesen nur vorbereiten zu lassen (indem zum Beispiel schon alle Installationsleitungen bis ins Dachgeschoss geführt werden und vielleicht sogar ein Deckendurchbruch für die Treppe erfolgt, aber wieder verkleidet wird). Dann kann man den weiteren Ausbau nachholen, wenn wieder etwas Geld in der Kasse ist. Benötigt man unbedingt den Raum im Dachgeschoss, kann man sich umgekehrt fragen, ob der Austausch der Fenster aktuell zwingend notwendig ist oder nicht noch warten kann.

Umbauen mit begrenzten Mitteln heißt immer, nicht alles halbfertig zu machen, sondern lieber Weniges, das aber notwendig ist, ganz fertigzustellen und den Rest sinnvoll vorzubereiten, um die Option zu haben, diese Arbeiten später nachzuholen.

Ein umbauerfahrener Planer wird versuchen, entsprechend zu beraten, was mit begrenzten Geldmitteln sinnvoll getan werden kann.

Wärmeschutz

Nehmen Sie die von der EnEV geforderten U-Werte bereits in die Ausschreibung auf und überprüfen Sie bzw. lassen Sie durch Ihren Bauleiter bei der Anlieferung sowie vor Einbau der Fenster anhand des Übereinstimmungszertifikats überprüfen, ob es sich auch um die geforderten Fenster handelt. Dieses Übereinstimmungszertifikat muss den Fenstern bei Anlieferung beiliegen. Es ist ebenfalls empfehlenswert, in die Ausschreibung die **Qualitätsrichtlinien** des anerkannten Instituts für Fenstertechnik e. V. in Rosenheim aufzunehmen. Jeder gute Planer und Architekt kennt diese. Auch die **RAL-Montagerichtlinien** zur möglichst dichten Fenstermontage kennen Planer und Architekten. Das sind Vorgaben für eine erhöhte Dichtigkeit beim Einbau. Solche Vorgaben sollten bereits in der Ausschreibung durch den Architekten festgelegt werden und die Ausführung auf der Baustelle überwacht werden.

Schallschutz

Im modernen Fensterbau werden zum Schallschutz – wie bereits erwähnt – unterschiedlich starke Glasscheiben hintereinander gesetzt. Zusätzlich erhöht wird der Schallschutz durch das Einbringen einer Schwergasfüllung im Scheibenzwischenraum wie zum Beispiel Argon oder Schwefelhexaflourid.

Die DIN 4109 legt die Schallschutzanforderungen an Fenster fest. Der Nachweis der Luftschalldämmung eines Fensters wird gemäß DIN 52210 gemessen und als bewertetes **Schalldämmmaß Rw** bezeichnet. Je höher Rw, desto besser der Schallschutz des Glases. Rw wird angegeben in Dezibel (dB). Übliche Fenster haben einen Wert von ca. 29 Dezibel, gute Schallschutzfenster von 40 und exzellente über 50. Das menschliche Gehör empfindet eine Steigerung um 10 dB beim Schallschutz als Minderung des Schalleintrags um etwa das Doppelte. Umgekehrt empfindet es eine Erhöhung des Schalleintrags um 10 dB als eine Verdopplung des Lärmeintrags. Zur Orientierung: Um die 35 dB nehmen wir als Flüstern wahr, um die 65 dB als lebhafte Unterhaltung, um die 85 dB erzeugt lebhafter Straßenverkehr und etwa 100 dB beträgt der Krach von lautem Werkzeug, etwa einem Schlagbohrer oder einem Presslufthammer. Ein Fenster, das lebhaftem Straßenverkehr von etwa 85 dB mit einer Schalldämmwirkung von 35 dB entgegentritt (womit insgesamt nur noch 50 dB Schalleintrag übrig bleiben) hilft also ganz entscheidend dabei, den Lärm erträglicher zu machen.

Neben den DIN-Normen gibt es beim Schallschutz für Fenster auch Empfehlungen des Vereins Deutscher Ingenieure (VDI). In der VDI-Richtlinie 2719 wird unterschieden zwischen sechs Schallschutzklassen. Die Zuordnung eines Fensters in eine der Schallschutzklassen erfolgt aber ebenfalls auf Grundlage von Messungen nach der DIN 52210. Je höher die Schallschutzklasse, desto höher der Schalldämmwert des Fensters. Hohe Schallschutzklassen, wie die Klassen 3 und 4, erreichen ein Schalldämmmaß von 35 bis 44 dB. Fenster der Klasse 6 liegen über 50 dB.

Einbruchschutz

Die DIN EN 1627 beschreibt die Anforderungen für einbruchhemmende Fenster und Türen in Form sogenannter Widerstandsklassen, früher als WKs bekannt, heute umbenannt in Resistance Classes (RC) – was eigentlich nur die englische Übersetzung ist. Neu ist die Widerstandsklasse RC 2 N, die zwischen der alten Widerstandsklasse WK 1 und WK 2 angesiedelt ist. Sie entspricht WK 2 ohne Sicherheitsverglasung. Ansonsten entsprechen die neuen RC-Klassen von RC 1 bis RC 6 den alten Widerstandsklassen von WK 1 bis WK 6, wobei WK 1 und RC 1 die geringsten und WK 6 bzw. RC 6 die höchsten Sicherheitsanforderungen erfüllen. Im Einfamilienhausbereich ist WK 2 bzw. RC 2 bereits ein sehr guter Einbruchschutz und ausreichend.

Sicherheitsglas

Während Drahtglas (Glas mit Drahteinlage) und Einscheiben-Sicherheitsglas (ESG), das durch thermische Vorspannung widerstandsfähiger gegen Temperatur-, Stoß- und Biegebeanspruchung ist, auf dem Rückzug sind, findet das Verbundsicherheitsglas (VSG) immer größere Verbreitung. Das Verbundsicherheitsglas funktioniert ähnlich wie die Verbundsicherheitsscheiben im Automobilbau: Die Glasscheiben sind innerhalb des Scheibenzwischenraums mit hochelastischen Kunststofffolien, in der Regel aus Polyvinylbutyral, überzogen, die bei Glasbruch die Glasbruchstücke halten, sodass zum Beispiel keine Glassplitter umherfliegen können. Ferner sind diese Gläser so gebaut, dass sie auch den Durchbruch von Gegenständen oder Personen verhindern können. Die DIN 52290 legt verschiedene Klassifizierungen für Verbundsicherheitsgläser fest:

A = durchwurfhemmende Verglasung,
B = durchbruchhemmende Verglasung,
C = durchschusshemmende Verglasung,
D = sprengwirkungshemmende Verglasung.

Fenstervergrößerung ...

... durch Einbau eines neuen Fensterunterzugs

Denkmalschutz

Die Fenster eines Hauses sind Teil der Seele eines Hauses. Ein Haus, dem schöne alte Fenster genommen werden und die durch belanglose neue Fenster ersetzt werden, verliert viel von seiner Wirkung. Wenn ein Haus unter Denkmalschutz steht, darf man ohnehin nicht einfach alte Fenster entfernen und durch neue ersetzen, sondern muss das mit den Denkmalschutzbehörden abstimmen. Es müssen aber nicht unbedingt alte Fenster ausgewechselt werden, es gibt auch andere Möglichkeiten, um sie zu erhalten und trotzdem eine vernünftige Dämmwirkung zu erzielen. So können alte Fenster zum Beispiel ergänzt werden durch moderne Innenfenster, die die Außenfassade optisch nicht beeinträchtigen. Denkmalschutzbehörden haben hier mitunter auch Lösungsvorschläge parat, die an anderer Stelle bereits umgesetzt wurden, sodass man sich auch mit anderen Bauherren kurzschließen kann.

Doch auch wenn man keiner Denkmalschutzauflage unterliegt, sollte man sich gut überlegen, wie man mit alten Fenstern umgeht. Wenn es alte, gegliederte Fenster sind, die der Fassade einen bestimmten Charme geben, sollte man sich fragen, ob man sie einfach aufgibt oder sie in ihrer Art erhält – und damit auch dem Haus seinen Charakter und letztlich seinen Wert lässt. In der überwiegenden Zahl der Fälle werden Sie allerdings auf eher wenig wertvolle Fenster aus den 1960er-, 1970er- und 1980er-Jahren aus Holz oder Kunststoff stoßen, deren Auswechselung einer Fassade ohne Charme auch keinen Charme nehmen, aber meist auch keinen Charme vermitteln kann.

Praxishinweise

Den Ausbau alter Fenster sollte man möglichst sorgsam durchführen, damit nicht zu viel angrenzendes Mauerwerk und angrenzender Putz oder auch Tapete (soweit man diese erhalten will) in Mitleidenschaft gezogen wird. Üblicherweise schneidet man zum Beispiel Tapete und Putz vor, um größere Ausbrüche zu verhindern. Eine Möglichkeit ist immer auch, gemeinsam mit dem Fensterbauer einen Modellausbau und -einbau an einem Fenster zur Probe umzusetzen. Man kann dann auch erkennen, ob zum Beispiel der Rollladenkasten größere Probleme bereitet. Denn häufig muss dieser ja mit ausgebaut werden.

Bauteil Türen

Allgemeine Probleme

Bei den Türen muss man grundsätzlich differenzieren zwischen Außentüren und Innentüren, da beide sehr unterschiedlichen Anforderungen unterliegen.

Außentüren

Bei Außentüren handelt es sich in den meisten Fällen um Hauseingangs- und Kellertüren. Fenstertüren, zum Bespiel zur Terrasse, betreffen von ihrer Konstruktionsweise her eher das Bauteil Fenster. Außentüren unterliegen erheblichen Anforderungen, vor allem aufgrund der Witterungseinflüsse, denen sie direkt ausgesetzt sind. Während an ihrer Innenseite meist eine relativ gleichmäßige Raumtemperatur und auch gleichmäßige Luftfeuchtigkeit herrscht, sieht das an der Außenseite anders aus: Von Frost bis Hitze, von Trockenheit bis zu hoher Luftfeuchtigkeit, von Regen über Hagel zu Schnee – eine Haustür kriegt viel ab. Das kann im Laufe der Jahre natürlich zu Problemen führen.

Die Art der Probleme hängt sehr stark vom eingesetzten Material und dessen Pflege ab. Ältere Massivholztüren beispielsweise verziehen sich unter diesen Belastungen mitunter. Dafür haben alte Massivholztüren meist den großen Vorteil, dass ein Schreiner sie gut nacharbeiten kann, wenn sie nicht stark angegriffen und marode sind. Vielfach wurden Holztüren schon von Vorbesitzern gegen Metall- oder Kunststofftüren getauscht. Viele heutige Hauskäufer und Hausbesitzer möchten aber solche Haustüren aus den 1960er-, 1970er- oder auch 1980er-Jahren loswerden, weil sie nicht mehr den heutigen ästhetischen Vorstellungen entsprechen. Manchmal ist es auch ganz einfach so, dass im Zuge eines Umbaus die Haustür verlegt wird und schon dadurch die alte Haustür durch eine neue ersetzt werden muss.

Viele ältere Haustüren verfügen nicht über Normmaße, sondern waren Individualanfertigungen. Soll die neue Tür dort sitzen, wo die alte saß, muss dann entweder die neue Tür an die bestehenden Türmaße angepasst oder umgekehrt müssen die Türmaße in der Außenwand an die neuen Türmaße angepasst werden.

Die Probleme tauchen üblicherweise im Bereich des Türsturzes auf, das ist der Unterzug oberhalb der Tür, der das Wandstück über der Tür hält und auch die Last der auf der Wand liegenden Decke mit abträgt. Einen solchen Sturz kann man nicht einfach herausnehmen und die Tür erhöhen, sondern muss Ersatz schaffen. Ein solcher Sturz liegt auch immer nur über eine gewisse Länge auf den seitlichen Wänden auf. Ist die neue Tür breiter als die alte und würde man die seitlichen Wände einfach nur wegnehmen, könnte es sein, dass der Sturz herunterbricht. Die Untersuchung von Stürzen (Höhe, Auflagerbreite) ist daher eine der Routineuntersuchungen umbauerfahrener Architekten. Denn davon hängt natürlich ab, wie die Ausschreibung formuliert wird. Wenn die Ausschreibung in einem solchen Punkt nicht stimmt und vor Ort aufwendig nachgearbeitet werden muss, kann es schnell zu hohen

Zusatzkosten kommen. Haben Sie das Problem an mehreren Außenwandöffnungen, kann es schnell vierstellige Summen verschlingen.

Nicht nur wegen ästhetischer Vorbehalte oder auch wegen Materialermüdung kann man über den Austausch alter Außentüren nachdenken. Weitere Gründe können sein: Wärmeschutz, Schallschutz und Einbruchschutz.

Wärmeschutz

Wärmeschutz war in den alten Bundesländern bis zum Jahr 1977 überhaupt kein Thema, in den neuen bis zum Jahr 1989. Das heißt, bei der Planung von Häusern wurde nicht eine einzige Minute auf dieses Thema verwandt. Es gab keinerlei Vorschriften. Entsprechend sind auch Haustüren dieser Baujahre natürlich in keiner Weise gedämmt, sondern haben meist sehr schlechte Wärmedämmeigenschaften.

Schallschutz

Auch Schallschutz war in den 1950er-, 1960er- und frühen 1970er-Jahren im Bauwesen praktisch kein Thema. Das gilt sowohl für Außenschalleintrag als auch für Innenschalleintrag. Hinzu kommt, dass sich der Außenschalleintrag über die Jahrzehnte natürlich stark verändern kann. Ein Haus, das zum Zeitpunkt der Errichtung noch ruhig gelegen haben mag, kann heute von zahlreichen neuen Lärmquellen umgeben sein, neue Straßen, neue Flugschneisen etc.

Einbruchschutz

Auch der Einbruchschutz war früher eher dürftig. Hier hat sich zwischenzeitlich viel getan. Allerdings wird in den seltensten Fällen durch die Haustür eingebrochen. Meist wird ein schlecht einsehbares Fenster genutzt, das einfacher und unauffälliger aufzuhebeln ist als die Haustür. Anders sieht es bei Kelleraußentüren aus. Diese liegen meist schlecht einsehbar und sind eher gefährdet.

Innentüren

Innentüren sind, anders als Außentüren, der Witterung nicht ausgesetzt. Auch bezüglich Wärmeschutz müssen sie keine besonderen Anforderungen erfüllen, wenn sie nicht beheizte von dauerhaft unbeheizten Gebäudebereichen trennen. Auch Einbruchschutz spielt bei Innentüren keine Rolle, wenn sie nicht explizit bestimmte Innenräume nochmals gesondert schützen sollen. Was aber auch bei Innentüren zum Tragen kommt ist der Schallschutz. Ferner Brandschutz, vor allem bei Türen zu Heizungskellern und Garagen. Und schließlich spielt das Thema Hauslüftung eine Rolle, denn zirkulierende Luft muss auch Türen im geschlossenen Zustand passieren können.

Alte Innentüren aus Vollholz mit Zierwerk sind sehr beliebt. Sie schließen zwar oft schlecht und bieten auch nur mäßigen Schallschutz, aber ihre Optik und Haptik wiegt das für viele Menschen auf. Solche Türen findet man aber eigentlich nur in Häusern bis zu den Baujahren Ende der 1920er- und Anfang der 1930er-Jahre. Kriegs- und Nachkriegsbauten verfügen in der Regel nicht mehr über solche Türen, sondern haben meist lackierte Sperrholztüren, später wurden sogar nur noch beschichtete Röhrenspan- oder Wabenkerntüren eingesetzt. Diese Türen empfinden viele Menschen als wenig ansprechend. Daher werden Innentüren häufig gewechselt. Auch hier aber gilt: Bis hinein in die 1970er-Jahre hatten Innentüren häufig keine Normmaße. Der Einsatz heutiger Normtüren muss mit untersucht und entsprechend ausgeschrieben werden. Denn auch bei Innentüren gilt, dass Verbreiterungen oder Erhöhungen der Tür mit Aufwand verbunden sind. Das gilt vor allem für Türen, die in tragenden Wänden sitzen.

Bei älteren Türen aus der Nachkriegszeit bis hinein in die 1960er-Jahre fehlt häufig auch ein Türfalz, erst recht eine umlaufende Gummi-dichtung, sodass der Schallschutz sehr gering ist.

Alte Haustür in ein modernes Haus eingebaut

Mögliche Lösungen

Außentüren

Der ästhetische Niedergang wird nirgends so sichtbar wie bei Haustüren. Was früher die Arbeit eines regionalen Schreiners mit regionalem Holz war, ist heute die in Kunststoff oder Aluminium gegossene Einfallslosigkeit von Haustürstudios. Am Beispiel der Haustür ist deutlich abzulesen, wie wir vieles von dem verloren haben, was regionale Baukultur einmal ausmachte.

Wie viel Charakter eine alte Haustür einem Haus verleihen kann, sieht man, wenn sie in ein modernes Haus integriert wird.

Selbst Architekten tun sich schwer, einfache und schöne Haustüren zu finden. Einige gehen dazu über, Glastüren mit einfachen Holzrahmen und Edelstahlgriff zu verwenden. Ein einfaches Holztürblatt aus regionalem Holz mit einem stabilen Trittblech unten, für das eventuell mal notwendige Aufstoßen der Tür mit dem Fuß (weil beide Hände gerade tragen müssen), ein stabiler, nicht rostender Edelstahlgriff, ein robuster Beschlag für das Schloss, ein einfacher Türspion (falls gewünscht) und vielleicht noch die horizontale Teilung des Türblatts (ähnlich einer Pferdestalltür), sodass die obere Hälfte im Sommer auch mal offenstehen kann – und schon entsteht ein ganz einfaches, schlichtes Bauteil, weit schöner und alltagstauglicher als vieles, was in Haustürstudios und Katalogen angeboten wird. Wenn Sie einen Architekten gefunden haben, der Ihre ästhetischen Überlegungen teilt, haben Sie eine Ideallösung. Denn er wird auf solche Details achten, weil er weiß, dass gerade auch diese ein Haus prägen.

Da Außentüren hohen klimatischen Ansprüchen genügen müssen, gibt es sogenannte Klimaklassen. Früher nach RAL drei Klassen, heute über neuere Normen fünf. Es handelt sich hierbei um die DIN EN 1530, die die Toleranzen der Ebenheit von Türblättern festlegt. Denn bei Klimaschwankungen kann sich ein Türblatt verziehen. Es wird unterschieden zwischen den Klassen 0, 1, 2, 3 und 4, wobei 4 die höchste Klasse ist und die geringsten Toleranzen bei der Ebenheit zulässt. Die RAL-Vorgaben haben hingegen im Wesentlichen nur unterschieden zwischen Innentüren, Treppenhaustüren zu beheizten Treppenhäusern und Außentüren.

Wärmeschutz

Haustüren sind anders als Fenster einfach zu dämmen, wenn die Tür nicht eine Vollglastür ist. Das Problem besteht eher am unteren Anschlag. Das wird mitunter durch eine sich im geschlossenen Zustand absenkbare Schiene gelöst, die Wärme- und Schallschutz bietet. So wie bei Fenstern können auch bei Haustüren genaue U-Werte abgefragt werden und als Grundlage schon in die Ausschreibung mit aufgenommen werden. Die EnEV lässt bei Haustüren einen U-Wert von maximal 1,8 bis 2,9 zu. Dieser ist eher schlecht und insofern problemlos zu übertreffen.

Schallschutz

Haustüren können auch beim Schallschutz einfacher gedämmt werden als Fenster, sofern es sich nicht um Vollglastüren handelt. Hauptproblem auch beim Schallschutz ist eher der untere Türanschlag. Es wird ein sogenannter Schall-Ex montiert, eine Schiene, die sich im geschlossenen Zustand der Tür auf den Boden absenkt. Sie dient meist gleichzeitig auch dem Wärmeschutz.

Einbruchschutz

Die Widerstandsklassen (WK) bzw. Resistance-Classes (RC) aus der DIN EN 1627 gelten auch für Haustüren. Demnach bieten auch bei Haustüren WK 1 bzw. RC 1 den geringsten und WK 6 bzw. RC 6 den höchsten Einbruchschutz. WK 2 bzw. RC 2 bieten auch bei der Haustür einen guten Einbruchschutz. Wer mehr machen will, kann höhere Anforderungen in die Ausschreibung aufnehmen.

Innentüren

Auch bei den Innentüren ist viel Baukultur verloren gegangen. Wer noch schöne alte Innentüren in einem Bestandsgebäude findet, sollte sich dreimal überlegen, ob er sie wirklich hinauswirft. Zumal sie ja keine energetischen Spitzenleistungen vollbringen müssen.
Etwa bis zum Ende der 1920er- und Anfang der 1930er-Jahre hinein wurden Innentüren in Deutschland noch weitgehend in Schreinereien bzw. Tischlereien aus Vollholzbrettern gefertigt, meist mit Zierwerk. Solche Türen verschwanden nach dem Zweiten Weltkrieg aber rasch aus der Produktion. Das war einerseits dem Materialmangel geschuldet, zunehmend aber auch industriellen Produktionsmethoden und dem nach „Moderne" strebenden Zeitgeist.

Vollholztüren sind heute sehr viel seltener als die üblichen Röhrenspan- oder Wabenkerntüren, die entweder ganz einfach lackiert sind oder mit weißer Folie, mit Holz-Fotofolie oder auch mit Holzfurnier überzogen sind. Türen ab etwa den 1970er-Jahren haben Normmaße erhalten, sodass die Vorfabrikation noch einfacher war: Der Maurer ließ eine Standardlücke, in die jede vorfabrizierte Tür hineinpasste. Die Idee war schon älter, setzte sich flächendeckend aber erst relativ spät durch. Wenn Sie ein Haus mit Baujahr aus den 1960er-Jahren oder früher erworben haben und/oder umbauen möchten, kann es gut sein, dass viele Türen im Haus leicht unterschiedliche Maße haben.

Wenn Sie wechseln möchten, gibt es zwei Möglichkeiten: Entweder Sie passen die neue Tür dem alten Wandtürmaß an oder Sie passen die Wand dem neuen Türmaß an. Sie werden schnell feststellen, dass es meist günstiger ist, die Wand dem neuen Türmaß anzupassen. Maßgefertigte Türen, also Türrahmen und Tür-

Alter Türrahmen demontiert

Montage eines neuen Rahmens

Neuer Rahmen montiert

blatt, sind oft teuer. Ein kleiner Mauerabschlag oder -zuschlag ist dagegen deutlich günstiger.

Aufwendiger kann es bei der Erhöhung einer Türöffnung werden, wenn zum Beispiel ein Betonunterzug im Weg ist. Dann muss dieser entweder durch einen höher sitzenden ersetzt werden oder aber Rahmen und Türblatt müssen leicht gekürzt werden. Ein reines Kürzen ist aber deutlich einfacher als etwa das aufwendige Verschmälern eines Rahmens und eines Türblatts für eine nicht genormte Mauerwerksöffnung.

Schallschutz

Hochwertige Schallschutztüren müssen absolut dicht im Rahmen schließen. Daher haben selbst Innentüren häufig einen Doppelfalz und auch einen „Schall-Ex" an der Unterseite des Türblatts. Das ist eine Schiene, die sich im geschlossenen Zustand der Tür nach unten auf den Boden absenkt. Solche Türen bieten einen sehr guten Schallschutz, benötigen aber angepasste Lüftungskonzepte. Die Lüftung muss dann zimmerweise geplant und durchgeführt werden. Denn natürlich können Lüftungsgitter nicht einfach in solche Türblätter gesetzt werden.

Lüftungsdurchgang

Vor allem, wenn im Zuge eines Umbaus Lüftungsanlagen in Häuser eingebaut werden, müssen Innentüren häufig **Durchströmöffnungen** haben. Meist sitzen dann unten im Türblatt einige Lamellen, bei modernen Türen meist aus Kunststoff, durch die Luft von einem Zimmer zum anderen strömen kann. Üblicherweise wird bei einfachen, nachgerüsteten Lüftungsanlagen jedes Fenster mit einer Zuluftöffnung versehen und die Luft dann über die Bäder und Küchen wieder aus den Räumen gezogen. Entsprechende Lüftungsöffnungen kann man aber problemlos auch in ältere Türen setzen lassen. Darunter leidet aber natürlich der Schallschutz. Die Tür kann auch einfach durch Unterlegscheiben im Scharnier höher gehängt werden oder es wird unten ein Streifen von etwa 1 cm vom Türblatt weggehobelt, um so die Luftströmung zu ermöglichen.

Praxishinweise

Wertvolle Außen- und Innentüren sollten für den Zeitraum des Umbaus gut geschützt werden. Dazu sollten die Türblätter ausgehängt und sicher und trocken gelagert werden. Die Türrahmen – soweit sie nicht ebenfalls entfernt werden – sollten mit einem Überrahmen aus Holz geschützt werden. Dieser kann mit den angrenzenden Bauteilen verklemmt werden, wenn eine feste Montage nicht möglich ist. Umbauerfahrene Architekten werden auch den Bestandsschutz sehr sorgfältig ausschreiben (siehe hierzu auch Hinweise zum Bestandsschutz Seite 163 f.). Als zusätzliche Sicherheit kann man auch zunächst einen Überrahmen an einem Bestandsrahmen als Modell bauen lassen und abstimmen. Funktioniert er, kann das bei allen anderen Türen wiederholt werden.

Bei Türverbreiterungen oder Erhöhungen sollte sehr frühzeitig abgeklärt werden, wie lang die seitliche Auflagerfläche des Sturzes ist und aus welchem Material er besteht. Während einer Türverbreiterung sollten, zumindest was den Sturz und die Statik angeht, möglichst keine Überraschungen auftauchen.

Wenn neue Türrahmen eingebaut werden sollen, ist es sinnvoll, Normtürmaße zu wählen. Der Türrahmen sollte dabei unten auf dem Fertigfußboden stehen und nicht vom Fertigfußboden umschlossen werden (also zum Beispiel um den Türrahmen herumgeführte Fliesen oder Parkett). Hintergrund ist, dass Sie die Türen dann ganz zum Schluss einbauen und sie auch jederzeit wieder problemlos wechseln können.

Bauteil Rollläden

Allgemeine Probleme

Die Probleme bei veralteten Rollläden bestehen einerseits beim Rollladen selbst, der zum Beispiel nicht mehr rund oder nur noch sehr schwer läuft und komplett neu justiert und gegebenenfalls sogar ganz gewechselt werden muss. Andererseits liegen die Probleme auch im Rollladenkasten, der bei älteren Häusern fast immer in den Sturz oberhalb des Fensters in die Wand eingebaut wurde. Meistens ist er schlecht oder gar nicht gedämmt und auch kaum wirklich vernünftig nachzudämmen. Nicht selten ist die beste Option, ihn herauszunehmen und durch einen modernen Rollladenkasten zu ersetzen. Das hängt aber vom Einzelfall ab und muss jeweils vor Ort untersucht werden, damit diese Leistung so in die Ausschreibung aufgenommen werden kann, wie es am sinnvollsten erscheint. Denn das Problem bei der Herausnahme größerer Rollladenkästen ist, dass dann auch diejenigen Putzflächen mit abgenommen werden müssen, die außen angeputzt wurden.

Auch innen ist man immer mehr dazu übergegangen, Rollladenkästen einfach anzuputzen, während zu Beginn des 20. Jahrhunderts oft noch abnehmbare Holzrevisionstafeln montiert wurden. Wenn die komplette Demontage des alten Rollladenkastens zu aufwendig erscheint, kann man auch prüfen, inwieweit eine **Nachdämmung** möglich ist. Dazu muss der Rollladenkasten aber meist nicht nur von außen, sondern auch von innen nachgedämmt und ein neuer Rollladen mit einem geringeren Durchmesser montiert werden.

Das Auswechseln von Rollläden an sich ist kein so großes Problem. Während vor dem Krieg bis hinein in die 1950er-Jahre fast durchgängig Fensterläden montiert wurden, kam Ende der 1950er- und flächendeckend in den 1960er-Jahren der Rollladen auf. Die ersten Rollläden hatten noch Lamellen aus Holz, bis dann graue Kunststoffläden eingesetzt wurden.

Mögliche Lösungen

Wenn Sie ein Haus gekauft haben oder besitzen, das noch über **Fensterläden** verfügt, sollten Sie gut überlegen, ob Sie diese einfach demontieren und durch Rollläden ersetzen. Fensterläden haben mittlerweile Seltenheitswert und vermitteln einer Fassade sehr häufig einen ganz eigenen Charme. Wenn sie gepflegt sind und einwandfrei funktionieren, stellen sie eine gute Alternative zu Rollläden dar. In den südlichen Ländern Europas hat sich der Kunststoffrollladen daher auch nie wirklich durchsetzen können, denn die Holzläden dort sind teilweise so raffiniert gebaut und multifunktional (je nach Stellung Sonnen-, Hitze- oder Sichtschutz), dass einfache Kunststoffrollläden sie gar nicht ersetzen könnten. Haben Sie also ein Haus mit Fensterläden, können diese eine gute Alternative zu Rollläden sein. Und ein Holzfensterladen ist bei Hagelschlag ohnehin jedem Kunststoffrollladen weit überlegen, dessen Lamellen die Hagelkörner meist einfach durchschlagen.

Wenn die Rollladenkästen nicht demontiert werden sollen oder nur unter sehr großem Aufwand demontiert werden können, kann die **nachträgliche Außen- und Innendämmung** die richtige Wahl sein. Die Dämmung von außen ist meist kein Problem, aber sie allein ist kaum wirksam. Denn von unten, dort wo der Rollladen aus dem Rollladenkasten in die Rollladenschienen herausläuft, kann natürlich jede Menge Wärme entweichen. Also muss der Kasten auch von innen gedämmt werden. Das Problem dabei ist, dass der Querschnitt des alten Rollladenkastens meist auf den alten Rollladen in aufgerolltem Zustand zugeschnitten ist. Das heißt, für eine zusätzliche Dämmung im Rollladenkasten ist gar kein Platz. Platz schaffen kann man dann häufig nur durch den Einsatz eines enger aufrollbaren Rollladens auf einer kleineren Walze. Ob das funktionieren kann oder nicht, muss vor der Ausschreibung der Architekt prüfen, nötigenfalls gemeinsam mit einem Rollladenbauer. Es kann auch sein, dass einer der alten Rollläden einmal vorab ausgebaut werden muss, um Klarheit über diesen Punkt zu gewinnen.

Beachtet man solche Details nicht, kann das später im Bauablauf sehr kostpielige Konse-

Aufgerollter alter Rollladen ...

... in altem Rollladenkasten

quenzen haben. Nehmen Sie an, der Einbau neuer Rollläden in die alten Rollladenkästen und deren Dämmung kann aus Platzgründen nicht erfolgen wie geplant und es muss eine alternative Lösung her, zum Beispiel der Komplettaustausch der Rollläden. Dann kann man sich dazu entweder ein Alternativangebot geben lassen oder aber das Ganze wird auf Stundennachweis erledigt. Wie auch immer, wenn zwei Mann zwei Stunden pro Auswechselung brauchen, dann sind das 4 Arbeitsstunden. Wenn Sie 15 Fenster haben, sind das 60 Stunden. Verlangt der Handwerker von Ihnen einen Stundensatz zwischen 60 und 80 Euro sind das zwischen 3.600 und 4.800 Euro. Dazu kommen die Materialkosten für die neuen Rollläden, der Abtransport und die Entsorgung der alten Rollläden und die Ausbesserung der Putzschäden an allen 15 Fenstern. Wenn dazu auch eine Gerüststellung notwendig ist, dann wird das nicht unter 200 bis 300 Euro pro Fenster ablaufen, also nochmals zwischen 3.000 und 4.500 Euro. Dazu kommt noch die Mehrwertsteuer. Sie landen bei 10.000 Euro Mehrkosten, weil ein Detail im Vorfeld zur Ausschreibung nicht sauber abgeklärt wurde! An diesem Beispiel können Sie auch sehr schön erkennen, warum Umbauausschreibungen in der Regel viel anspruchsvoller sind und viel mehr Erfahrung benötigen als Neubauausschreibungen.

Kennt man die Probleme aber und hat Erfahrung damit, kann man sie von vornherein bei der Ausschreibung mitberücksichtigen. Bei der Ausschreibung ringt der Handwerker noch um ein günstiges Angebot. Hat er den Basisauftrag einmal erhalten, können Nachforderungen sehr teuer werden.

Auch eine **Komplettauswechselung** der Rollladenkästen ist möglicherweise nötig. Ist deren Montage unklar, muss auch hier nötigenfalls probeweise ein Ausbau erfolgen, um eine sichere Ausschreibung für alle anderen Rollladenkästen erstellen zu können.

Praxishinweise

Alte Rollladenkästen sind ein stark unterschätztes Problem bei Umbauten. Der Aufwand der Beseitigung und die dabei entstehenden Schäden können sehr groß werden. Wenn alte Kästen nicht bleiben können, sollte an einem Kasten die möglichst schadenfreie Herausnahme geprüft werden. Sinnvoll ist es, den Außen- und Innenputz, der sich an beide Seiten vor dem Rollladenkasten befindet, vorzuschneiden, um die Putzschäden möglichst klar einzugrenzen und später wieder gut anarbeiten zu können, soweit keine neue Hausverputzung geplant ist.

Bauteil Dach und Dachstuhl

Allgemeine Probleme

Dachdeckung und Dachstuhl sind Bauteile, die bei Umbauten häufig einbezogen werden, entweder weil das alte Dach saniert werden muss oder aber weil ein altes Dach zu Wohnraum ausgebaut werden soll. Häufig handelt es sich auch um eine Kombination aus beidem. Das Dachstuhlholz ist sehr oft noch in Ordnung bzw. ausbesserungsfähig. Die Dachdeckung hingegen kann nach einigen Jahrzehnten **Materialermüdungen** aufweisen, was kein Wunder ist, denn das Dach ist das mit Abstand exponierteste Bauteil eines Hauses. Die Auswechselung einer klassischen Ziegeldachdeckung ist normalerweise kein Problem. Soweit unterhab der Ziegel noch eine Unterspannbahn liegt, sei es aus Dachpappe oder als Kunststoffbahn, wird diese je nach Zustand meist ebenfalls ausgewechselt. Dazu muss häufig dann auch die Dachlattung, auf der die Ziegel sitzen, mit ausgetauscht werden, denn meist ist die Unterspannbahn zwischen Dachstuhl und Dachlattung gespannt.

Oft wird der bestehende Dachstuhl im Zuge eines Umbaus auch angepasst oder umgebaut, sehr oft werden dabei zum Beispiel auch Gauben ins Dach gesetzt oder die Giebelwände werden durchbrochen, um Fenster zu schaffen. Solche Ergänzungen sind in Bestandsdachstühlen eigentlich problemlos machbar. Manchmal findet man aber auch teilausgebaute Dächer oder in Eigenleistung bereits vollständig ausgebaute Dächer. Dann muss überlegt werden, ob man entweder einen vollständigen **Rückbau** des Ausbaus herbeiführt und alles neu aufbaut oder aber Umbaumaßnahmen sehr sorgfältig auf den Bestand aufsetzt. Ein bereits ausgebautes Dach ist ein sensibles Bauteil. Dachausbauten waren bis in die 1980er-Jahre hinein üblicherweise relativ einfache Konstruktionen. Von außen nach innen sah das typische, ausgebaute Dach so aus:

- Ziegellage,
- Dachlattung,
- Konterlattung,
- Unterspannbahn,
- Luftraum,
- Dämmung (Sparrenebene),
- Dampfbremse,
- Holz- oder Gipskartonplattenverkleidung.

Bei dieser Konstruktion handelt es sich um ein sogenanntes **Kaltdach**. Das ist eine relativ fehlertolerante Konstruktion, die sich über

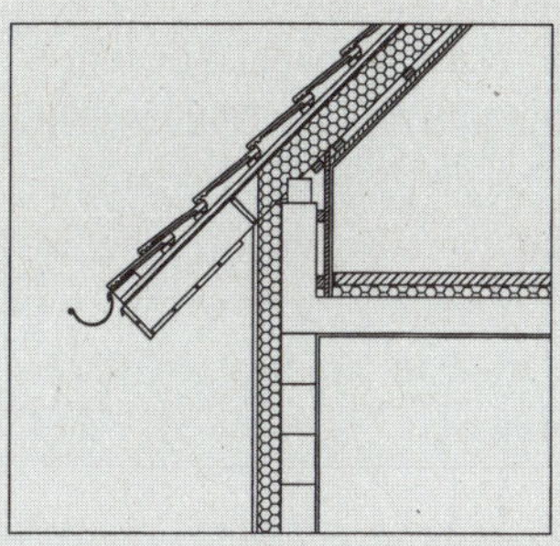

Schnitt durch einen klassischen Dachaufbau

Jahrzehnte bewährt hat. Wenn man nun im Zuge eines Umbaus eine solche Konstruktion verändert, müssen die bauphysikalischen Folgen der Veränderung unbedingt beachtet werden. Nimmt man beispielsweise von innen die Verkleidung ab, dann die Dampfbremse und schließlich die Dämmung, um das alles von innen neu aufzubauen, dann müssen sämtliche neu einzubauenden Elemente auch mit den Bestandselementen harmonieren. Das heißt, die Unterspannbahn unterhalb der Ziegel muss abgestimmt werden mit der neuen Dämmung, die von innen montiert wird, und mit der neuen Dampfbremse, die ebenfalls von innen montiert wird. Denn die einzelnen Schichten eines gedämmten Daches bilden ein System. Ist das System nicht aufeinander abgestimmt, kann es zu schweren Bauschäden kommen.

Die häufigsten Schäden entstehen aufgrund von Dampfdiffusion und Feuchtigkeitsanfall. Wohnen geht immer einher mit größeren Mengen an **Luftfeuchtigkeit**, die produziert werden, durch Kochen, Duschen, Schlafen etc. Diese Feuchtigkeit sammelt sich in der Luft. Sie kann von warmer Luft bis zu einem gewissen Grad (man spricht von „Sättigung“) aufgenommen werden. Darüber hinausgehende Feuchtigkeit muss in irgendeiner Form „gemanagt“ werden. Das kann zum Beispiel dadurch geschehen, dass man vor der Dämmung eine Dampfsperre anbringt, die verhindert, dass anfallende Feuchtigkeit in die Dämmung eindringt. Man spricht heutzutage allerdings eher von Dampfbremsen, weil eine wirkliche Dampfsperre, die definitiv gar keinen Dampf durchlässt, kaum gegeben ist.

Ist diese Dampfbremse nicht abgestimmt auf die Unterspannbahn, dringt im ungünstigsten Fall innen durch die Dampfbremse mehr Luftfeuchtigkeit ein als außen durch die Unterspannbahn entweichen kann. Innerhalb der Dämmung ist ein Dampfstau möglich. Da die Dämmung meist etwas kälter ist als der Innenraum, kann es sein, dass die Luft in der Dämmung abkühlt, die Feuchtigkeit nicht mehr halten kann und sie in die Dämmung abgibt. Dann schlägt sich Feuchte in der Dämmung nieder. Bemerkt man das nicht, weil sich das im komplett verkleideten Dach abspielt, kann über die Jahre die Feuchtigkeit das gesamte Dachstuhlholz in Mitleidenschaft ziehen.

Ein anderes Problem ist neue **Dämmung**, die von innen direkt gegen die alte Unterspannbahn gedrückt wird. Unterspannbahnen älterer ausgebauter Dächer sind häufig perforiert. Die Perforation dient der Dampfdurchlässigkeit. Aber diese Perforation führt eben auch dazu, dass Feuchtigkeit von außen nach innen durchdringen kann. Daher ist es wichtig, dass zwischen der neuen Dämmung und der alten Unterspannbahn ein Luftzwischenraum bleibt. Das ist auch sinnvoll, damit Feuchtigkeit, die sich möglicherweise auf der Außenoberfläche der Dämmung bildet, verdunsten und dann durch die Unterspannbahn diffundieren kann.

In seltenen Fällen wird ein Bestandsdach auch komplett zurückgebaut und durch ein neues ersetzt. Das ist meistens dann der Fall, wenn der alte Dachstuhl zum Beispiel eine zu geringe Neigung hat und nicht ausgebaut werden kann. Steht einem Rückbau des Bestandsdaches und Neuaufbau eines neuen Daches nichts im Wege (statisch, baurechtlich etc.), dann kann das ein sinnvoller Eingriff sein, wenn er insgesamt den Charakter des Hauses aufgreift.

Soweit Sie es mit einem **Flachdach** zu tun haben, wird sich die Grundfrage ergeben, ob das Flachdach saniert werden soll oder nicht oder ob es als Decke für eine Aufstockung dienen soll. Ist das der Fall, muss sorgfältig geprüft werden, ob das Flachdach dafür geeignet ist (statisch, baurechtlich). Wenn es das ist, wird man das Flachdach natürlich nicht sanieren, sondern eventuelle Flachdachaufbauten, wie Wärmedämmung oder Dachbahnen gegebenenfalls zurückbauen, um das Flachdach in eine übliche Zwischendecke zu verwandeln.

Generelle Probleme beim Ausbau von Bestandsdächern oder gar dem Neuaufbau von Dächern sind – neben den geschilderten Punkten – immer auch die Zugänglichkeit, die natürliche Belichtung und der Anschluss an die Installationen. Hierfür jeweils angemessene, kostengünstige und alltagstaugliche Lösungen zu finden ist Aufgabe des Architekten. Während die natürliche Belichtung und die Anbindung an die übrigen Hausinstallationen üblicherweise kein Problem darstellt, kann die Zugänglichkeit über eine zusätzliche Treppe bei engen Grundrissen zur echten Herausforderung werden. Eher selten ist es möglich, den bisherigen Zugang, den die Speicherleiter bietet, zu einem vollwertigen Treppenaufgang zu verwandeln. Häufig ist ein zusätzlicher Deckendurchbruch notwendig, auch um die neue Treppe möglichst ideal und platzsparend positionieren zu können.

Mögliche Lösungen

Wenn Höhe und Neigung von Bestandsdachstühlen groß genug sind, lassen sich Umnutzungen meist gut realisieren. Reichen die Maße des Bestandsdachstuhls nicht aus und müsste also auch der Dachstuhl selbst (das Holztragwerk) umgebaut werden, geht das natürlich nur, wenn es statisch überhaupt möglich ist und von den zuständigen Baubehörden genehmigt wird. Auch Wohnräume im Dach unterliegen klaren **Regularien der Landesbauordnungen**. Üblicherweise müssen sie genauso belichtet und beheizbar sein wie andere Wohnräume auch. Aufgrund ihrer anderen Raumgeometrie müssen sie aber nur über der Hälfte (so die Regelung in den meisten Landesbauordnungen) ihrer Grundfläche die Mindestraumhöhe (nach Landesbauordnung) einhalten.

Die natürliche **Belichtung** von Bestandsdachstühlen kann häufig schon durch Fenster in den Giebelwänden erreicht werden. Ist dies nicht möglich, zum Beispiel weil die Giebelwände an Nachbargebäude grenzen oder es sich um eine Dachform ohne Giebelwände handelt (etwa Zelt- bzw. Pyramidendach), können üblicherweise in die Dachfläche relativ einfach Gauben gesetzt werden.

Die **Anbindung** eines nachträglich ausgebauten Dachstuhls an die darunterliegenden Geschosse ist in der Regel ebenfalls lösbar. Meist muss allerdings ein neuer Deckendurchbruch erfolgen, um die Anbindung sowohl vom Grundriss im Geschoss darunter als auch im Dachgeschoss selbst optimal zu gestalten.

Installationsleitungen können meist relativ einfach nach oben geführt werden, allerdings muss hierfür oft eine Kernbohrung durch die Decke erfolgen, und es ist sehr sinnvoll, Bäder über Bädern anzuordnen, um unnötige Führungen von Leitungen zu vermeiden.

Bestandsdachstühle lassen sich in den meisten Fällen an die neue Nutzung anpassen, weil ein Bestandsdachstuhl ja nur eine Art Rahmenwerk ist, das Umbauten und Ergänzungen relativ flexibel zulässt. Es kann aber auch sein, dass die Umbauarbeiten an einem Bestandsdachstuhl einfach zu aufwendig wären, um die neue Dachnutzung zu verwirklichen. Dann kann es günstiger sein, den alten Dachstuhl komplett abzutragen und einen völlig neuen zu errichten.

Wichtig! In solchen Fällen sollte immer sehr früh ein Statiker eingeschaltet werden, der überprüft, ob die Pläne ohne Weiteres durchführbar

Abbruch eines alten Dachstuhls

Montage der Dampfbremse in neuem Dachstuhl

Montage der Gipskartonplatten in einem neuen Dachstuhl

Sanierung eines Flachdachs

sind oder möglicherweise aufwendige Sicherungsmaßnahmen getroffen werden müssen, die das Vorhaben unwirtschaftlich machen.

Je nachdem, ob man den Raum im Dach gleich von Beginn an benötigt oder nicht, setzt man den Zeitpunkt des Ausbaus. Denn gerade der Dachausbau ist eine Maßnahme, die man gut auch später noch nachholen kann. Ein solider Ausbau ist relativ teuer. Wenn das Geld dafür nicht reicht, kann man zunächst nur einen vorbereitenden Dachausbau vornehmen, also etwa eine neue Dachdeckung mit neuen Ziegeln und neuer Unterspannbahn sowie neuer Dämmung. Auch Dachflächenfenster oder Giebelfenster lassen sich schon einmal setzen. Ferner kann man bereits alle Installation (Heizung, Sanitär, Elektro) bis ins Dach legen. Auch einen Deckendurchbruch an der richtigen Stelle für eine spätere Treppe kann man bereits vornehmen und provisorisch wieder schließen. So vorbereitet müsste man später nur noch den Innenausbau des Daches vornehmen. Das spart Geld und man hat später trotzdem nur noch einen geringen Aufwand, um das Dach bewohnbar zu machen.

Soweit Sie ein Haus mit einem **Flachdach** besitzen oder gekauft haben, stellen sich im Wesentlichen drei Fragen:

- Soll/muss das Dach abgedichtet werden?
- Soll/muss das Dach gedämmt werden?
- Soll das Dach als Basis für eine Aufstockung genutzt werden?

Während die ersten beiden Dinge relativ einfach umgesetzt werden können, ergeben sich bei der Aufstockung auf ein Flachdach viele technische Fragen. Zuvorderst steht auch hier die Klärung, ob überhaupt die statischen Voraussetzungen gegebenen sind. Ist eine Aufstockung aus statischer Sicht möglich, kann es trotzdem sein, dass man mit einem Leichtbau (Holzbau) arbeitet. Entweder wird dann ein geneigtes Dach direkt auf ein Flachdach gesetzt oder aber es wird ein weiteres Vollgeschoss, eventuell wiederum mit Flachdach, gesetzt. Entscheidend bei alledem ist natürlich die baurechtliche Zulässigkeit.

Praxishinweise

Werden alte und neue Dachschichten kombiniert, muss immer das so entstehende **Gesamtsystem** bauphysikalisch beurteilt und als unbedenklich eingestuft werden. Dies sollte der Architekt im Zuge der Vorbereitung der Ausschreibung tun, gegebenenfalls auch unter Einschaltung der Herstellerfirmen der einzelnen Dachschichten.

Die Luftdichtheit von Anschlüssen und durchstoßenden Bauteilen, wie Kaminen, muss unbeding beachtet werden.

Dacharbeiten sollten nach Möglichkeit bei gutem Wetter durchgeführt werden. Da das nicht immer möglich sein wird und die Aufrichtung eines zusätzlichen Schutzdaches häufig viel zu teuer ist, kann eine großflächige Schutzbahn, die auf der Baustelle zur Komplettabdeckung des Daches für stärkeren Regen vorzuhalten ist, eine Lösung sein. Solche Sondermaßnahmen sollten von vornherein in die Ausschreibung aufgenommen werden.

Wenn Bestandsdachstühle oder Bestandsflachdächer neue Aufgaben erhalten, muss zuvor immer statisch überprüft werden, ob sie dieser neuen Aufgabenstellung gewachsen sind. Auch während eines Umbaus sollten nicht bedenkenlos Lasten zwischengelagert werden, die das Dach möglicherweise gar nicht tragen kann. Also etwa an einer Stelle konzentriert das gesamte Dachholz oder an einer Stelle konzentriert der gesamte Dachkies. Das kann die statische Tragfähigkeit massiv überschreiten – mit allen Konsequenzen.

Bauteil Böden

Allgemeine Probleme

Bei Böden unterscheidet man zwischen Oberboden und Unterboden. Der Oberboden besteht aus dem Bodenbelag also zum Beispiel Fliesen, Parkett, Teppich etc. Der Unterboden besteht aus dem Estrich und gegebenenfalls darunter befindlichen Schichten, wie etwa einer Wärme- und/oder Trittschalldämmung.

Oberboden

Fliesen

In den meisten Küchen und Bädern von Bestandsgebäuden liegen Fliesen. Häufig sind sie noch intakt, entsprechen aber nicht mehr den ästhetischen Vorstellungen. Das Problem bei alten Fliesen ist vor allem der Aufwand ihrer Entfernung. Je nachdem, wie die Fliesen auf dem Unterboden montiert wurden, können sie sehr fest sitzen und bei der Demontage kann der Unterboden stark leiden, bis hin zum Estrichbruch. Wenn im Vorfeld einer Umbauplanung feststeht, dass die alten Fliesen herausgenommen werden sollen, ist es sinnvoll bei einer Fliese am Rande zu prüfen, wie fest sie mit dem Unterboden verbunden ist. Dann kann die Montageart (zum Beispiel „Fliesen im Dünnbettmörtel“) gleich in der Ausschreibung berücksichtigt werden.

Soweit ein Fliesenboden bestehen bleiben soll, sind Teilergänzungen oft schwierig, weil viele Bestandsfliesen gar nicht mehr ohne Weiteres zu bekommen sind. Da die Bodenflächen von Bädern und Küchen aber meist klein sind, ist die bessere Lösung fast immer der Komplettaustausch.

Holz

Holzböden gibt es in den verschiedensten Ausführungen, vom rohen Dielenboden bis zum versiegelten Parkettboden. Ähnlich unterschiedlich wie die Böden selbst sind auch die Montagearten, von der einfachen Nagelung der Holzdielen auf einer tragenden Unterkonstruktion aus Holz bis hin zum verklebten Parkett auf Estrich. Wenn Holzböden entfernt und durch neue ersetzt werden sollen, sollte die Befestigungsart des Ober- auf dem Unterboden bekannt sein. Auch hier muss nötigenfalls eine Diele oder an einer Stelle das Parkett entfernt werden, um sich Gewissheit darüber zu verschaffen, welche Montageart vorliegt und ob es sich um Fertig- oder um Massivparkett handelt. Das kann beim Ausbruch insofern ein Unterschied sein, als Fertigparkett auf größeren Platten vorverklebt ist und dann auf dem Estrich verlegt wird. Daher kann der Rückbau eines solchen Parketts einfacher und schneller geschehen, als wenn es sich um Massivparkett handelt, bei dem wirklich jedes einzelne Parkettstäbchen mit dem Unterboden verklebt ist.

Holzböden können gut auch teilergänzt werden. Dazu muss man nur die Holzart des Bodenbelags kennen. Sie können geschliffen und samt Teilergänzungen neu versiegelt oder auch einfach nur gewachst und geölt werden. Gute Parkettleger können Teilergänzungen und Anarbeitungen so perfekt durchführen, dass man später gar nicht mehr sieht, wo ergänzt wurde.

Laminat

Laminat ist ein billiger Bodenbelag, dessen Erhaltung in der Regel nicht lohnt. Es handelt sich dabei um Fotofolie, die auf einer einfachen Trägerplatte aufgeklebt wird und den Anschein eines Holzbodens erwecken soll. Auch bei Laminatbodenbelägen sollte man überprüfen, ob sie flächig mit dem Unterboden verklebt oder ob sie eventuell sogar nur lose verlegt sind. Lose verlegtes Laminat kann man auch selbst aus dem Weg räumen, das muss gar nicht unbedingt ein Handwerker machen. Wenn Sie es selbst machen, achten Sie darauf: Auch Laminat muss ordnungsgemäß über örtliche Bau- oder Reststoffsammelstellen entsorgt werden. Es gehört nicht in den Hausmüll!

Teppich

Nur sehr selten überleben Teppiche größere Umbauten. Beim Neubezug von Bestandsgebäuden sind sie fast immer das Erste, was rausfliegt. Außer optischen Gründen spielt natürlich vor allem die Hygiene eine Rolle. Einen Teppichboden kann man zwar durchaus auch selbst entfernen, wenn er aber flächendeckend fest mit dem Untergrund verklebt ist, kann der Arbeitsaufwand groß werden. Soll diese Arbeit ein Handwerksunternehmen verrichten, muss die Teppichart und vor allem auch die Montageart in die Ausschreibung aufgenommen werden. Es sollte auch beschrieben werden, dass der Unterboden, also zum Beispiel der Estrich, nach Demontage des Teppichs von sämtlichen Reststücken bzw. Rückständen frei sein muss, damit der neue Bodenbelag aufgebracht werden kann.

PVC-Boden

Nicht selten findet man in Bestandsgebäuden, vor allem aus den 1950er-, 1960er- und auch 1970er-Jahren auch Bodenbeläge aus PVC. Das Kapitel kann sehr kurz abgehandelt werden: PVC gehört ganz klar nicht in Wohnräume. Solche Bodenbeläge sollten Sie umgehend entfernen. PVC ist Sondermüll und muss entsprechend entsorgt werden. Auch hier gilt, dass in der Ausschreibung klar beschrieben sein sollte, ob der PVC-Boden lose verlegt oder verklebt ist.

Asbesthaltige Bodenplatten

Häufig findet man in älteren Gebäuden auch quadratische Platten als Bodenbelag, die nicht unbedingt PVC-Bodenplatten sind, sondern es können auch asbesthaltige Platten sein. Dies festzustellen gehört zu den Voruntersuchungen des Architekten vor der Ausschreibung. Denn bei der Demontage von **Schadstoffen** sind zahlreiche Vorschriften zu beachten, die das Vorhaben sehr teuer machen. Wenn Schadstoffe erst während eines Umbaus entdeckt und aufwendig entsorgt werden müssen, kann es zu einer Kostenexplosion kommen, die die gesamte Finanzierung gefährdet. Die überwachenden Behörden werden hier – zu Recht – auch keine Kompromisse zulassen.

Linoleum
Linoleum war ein in den 1920er-Jahren in Deutschland weit verbreiteter Bodenbelag. Äußerlich ähnelt er PVC hat aber den großen Vorteil, dass er aus **natürlichen Grundstoffen** besteht (unter anderem Leinöl, Naturharz, Holz- oder Korkmehl und Jutegewebe) und daher unbedenklich ist. Ein schöner alter und gepflegter Linoleumbelag kann in jedem Fall erhaltenswert sein. Wenn ein Linoleumbelag entfernt werden soll, muss auch hier überprüft werden, wie er auf dem Unterboden verlegt ist, ob lose oder flächig verklebt.

Unterboden

Estriche
Unter dem Oberbodenbelag liegt üblicherweise ein Estrich, was konkret allerdings sehr vom Baujahr und der Art der Baukonstruktion abhängt. Ältere Häuser mit Holzbalkendecken zum Beispiel weisen fast nie einen Estrich auf. Häufig wurde später der Holzbodenbelag einfach mit Teppich oder PVC überklebt. Wird dieser Oberbodenbelag dann abgenommen, kommt der ursprüngliche Oberbodenbelag zum Vorschein, nämlich der alte Holzdielenbelag. Aber auch ältere Massivbauten aus den Vorkriegsjahren haben mitunter keinen Estrich, dort wurde der Oberbodenbelag direkt auf der Massivdecke verlegt.

Bei den Estrichen selbst gibt es **unterschiedliche Materialien.** Sehr verbreitet war über Jahrzehnte der Zementestrich. Zähflüssiger Zement wurde auf die Betondecke aufgebracht, glatt abgezogen und trocknete dann einige Wochen aus. Heute wird sehr häufig sogenannter Anhydritestrich eingebaut, ein gipsbasierter Estrich. Manchmal wird auch sogenannter Trockenestrich eingebaut, das sind größerer Trockenbauplatten, die flächig verlegt werden. Eher selten findet man Gussasphaltestrich, der, ähnlich wie Straßenteer, in sehr heißem Zustand eingebracht wird und dann in kurzer Zeit abkühlt.

Bei der **Einbauart** von Estrichen unterscheidet man zwischen Verbundestrichen, Estrichen auf Trennlage und schwimmenden Estrichen. Verbundestriche sind Estriche, die direkt auf den Betonrohboden gegossen werden. Bei Estrichen auf Trennlage kommt noch eine sogenannte Trennlage dazwischen, meist eine einfache Folienlage. Etwa wenn eine besondere Abdichtung zu Räumen unterhalb erfolgen soll, zum Beispiel gegen Feuchtigkeit; es kann aber auch sein, dass nur einfach eine kraftschlüssige Verbindung zwischen dem Rohboden und dem Estrich verhindert werden soll. Der schwimmende Estrich wiederum soll ganz bewusst keine direkte Verbindung zu Rohboden und Wand haben. Er wird auf eine Dämmlage gegossen, die zwischen ihm und dem Rohboden liegt. An den Wänden ringsum wird ebenfalls eine Dämmlage zwischen den Estrich und den Wänden gestellt. Der Estrich liegt schließlich also sozusagen in einem Dämmbett, was genau das Ziel ist. Wird nämlich der Estrich nun zu Schwingungen angeregt, zum Beispiel beim Drüberlaufen, gibt er diese Schwingungen nicht direkt in die Betondecke unter ihm weiter oder in die seitlich angrenzenden Wände. Daher spricht man bei dieser Art Dämmung auch von einer Trittschalldämmung.

Mögliche Lösungen

Oberböden

Bei der Entsorgung alter Bodenoberbeläge sollte man sehr früh untersuchen, ob möglicherweise spezielle **Entsorgungswege** erforderlich sind. Rückbauarbeiten werden heutzutage üblicherweise unter strenger Stofftrennung umgesetzt. Während aber ein einfacher, natürlicher Mauerziegel relativ einfach dem Stoffkreislauf wieder zugeführt werden kann, ist das bereits bei einem lackierten Holz anders, auch bei PVC- oder Teppichböden. Daher sollten schon in der Ausschreibung möglichst alle wichtigen Informationen, wie zum Beispiel auch die Abfallschlüssel der zu entsorgenden Stoffe, angegeben sein. Denn je nach Entsorgungsaufwand wird auch der Entsorgungspreis natürlich steigen. Falls es Unklarheiten gibt, hilft ein Vor-Ort-Termin mit Fachleuten eines Abrissunternehmens weiter. Bei solchen Terminen sollte man gebündelt alle Probleme durchsprechen. Solche Beratungstermine können vergütet werden, dann sollte zuvor zum Beispiel ein Stundensatz abgeklärt und vereinbart sein.

Beim Ablösen von alten Böden kommt es gelegentlich zu Beschädigungen des Unterbodens, also des Estrichs oder der Rohdecke. In den meisten Fällen hält sich das aber in Grenzen, Beschädigungen etwa am Estrich lassen sich durch Spachteln ausgleichen. Auch aufgeklebte Teppiche auf Holzdielen hinterlassen häufig Oberflächenschäden auf den Dielen. Dann muss anschließend gegebenenfalls ein neuer Dielenschliff erfolgen.

Die Auswahl an neuen Bodenoberbelägen ist heute sehr groß. Langfristige Lösungen sind robuste **Naturbaustoffe**. Am sinnvollsten sind nachwachsende Rohstoffe, wie Holzbodenbeläge. Häufig werden sie in Kombination mit Fliesen in Fluren und Bädern eingesetzt.

Die Mehrkosten von teuren Bodenoberbelägen im Vergleich zu billigen sind erheblich. Ein einfacher Oberbodenbelag kostet vielleicht 15 bis 20 Euro, ein teurer 40 bis 80 Euro. Bei einer Belagsfläche von 100 Quadratmetern macht das einige Tausend Euro aus. Doch tragen qualitätvolle Böden ganz erheblich zum Wohlbefinden bei. Außerdem hat man damit eine alltagstaugliche und dauerhafte Lösung.

Wenn das Geld im Zuge des Umbaus sehr knapp ist, kann man sich zwar vorübergehend auch mit einfachen Bodenbelägen behelfen, die man dann nach einigen Jahren wieder wechselt, aber man sollte sich fragen, ob man sich das antun möchte. Bodenbeläge zu wechseln ist relativ aufwendig, wenn man das Gebäude bereits bewohnt. Zunächst müssen natürlich sämtliche Möbel ausgeräumt werden. Dann muss der alte Bodenbelag entfernt und der neue verlegt werden. Bei Parkett zum Beispiel sind damit umfangreiche Klebearbeiten und vor allem auch sehr staubige Schleifarbeiten verbunden. Hinzu kommt das Versiegeln des Parketts, was mit intensiver Geruchsentwicklung verbunden ist. Und schließlich darf der neue Bodenbelag dann meist auch eine ganze Zeit nicht betreten werden.

Es lohnt sich, für Bodenbeläge einige Zeit für die Suche aufzuwenden. Denn hier hat sich in den letzten Jahren viel getan. Badböden zum Beispiel werden heute häufig mit schmalen, langen und versetzt gelegten Fliesen im Schiffsbodenmuster belegt statt mit quadratischen rechteckig oder diagonal verlegten Fliesen. Auch gibt es ganz neue Arten von Böden, wie zum Beispiel Pandomo-Beläge, die fließend und durchgängig über Böden und auch Wände verlegt werden können und wie eine einzige, große, sehr glatte Steinoberfläche aussehen.

Sehr häufig tritt bei Bestandsumbauten das Problem auf, dass Bodenbeläge mit unterschiedlich hohem Aufbau aufeinandertreffen, zum Beispiel ein relativ flacher Fliesenboden im Bad mit einem etwas höheren Holzboden im Wohnbereich. Diese Schnittstellen sollte man sehr früh bei der Planung berücksichtigen. Da häufig die massiveren Holzböden einen höheren Aufbau haben, kann man an solchen Stellen auch gut Kanthölzer als Abschluss setzen, die später mit dem Parkettholz abgeschliffen und versiegelt werden. Massive Kanthölzer haben keine Probleme, die Stoß- oder Trittbelastungen an einer Kante abzufangen. Ist umgekehrt der Fliesenbelag höher, wird üblicherweise eine entsprechend hohe Messingabschlussschiene vor die Fliesenkante gesetzt, damit die Fliesen an dieser Stelle geschützt sind und nicht ausbrechen.

Genauso wie die Bodenhöhe muss auch der **Türanschlag** beachtet werden. Das heißt, man muss wissen an welcher Seite des Türrahmens später das Türblatt sitzt. Denn sonst kommt es zu dem unschönen Ausblick, dass Sie vom Flur aus bereits den Badboden im Bereich des Türrahmens sehen, weil zwischen Bodenleger und Schreiner nicht abgestimmt war, auf welcher Seite das Türblatt sitzen sollte. Der Bodenleger dachte, es sitzt außen am Rahmen, zum Flur hin, und flieste daher die Türnische mit, der Schreiner hat das Türblatt aber später innen gesetzt, sodass man nun die Fliesen im Bereich der Türnische sieht. Dort hätte eigentlich noch Parkett verlegt werden soll, wie im gesamten übrigen Flur auch.

Eine Fußbodenheizung sollte mit einem darauf abgestimmten Oberboden verlegt werden, was heute aber einfacher als früher ist. Fußbodenheizungen werden heute zwar auch mit Teppich und Parkett kombiniert, Fliesen sind aber immer noch erste Wahl.

Unterböden

Die Unterböden werden im Zuge von Umbauten nur selten gewechselt, denn damit ist ein erheblicher Umbauaufwand verbunden und natürlich auch hohe Kosten.

Wenn ein Gebäude bislang schon einen schwimmenden Estrich hatte und nun wieder einer eingebaut werden soll, dann ist das normalerweise kein Problem. Deutlich schwieriger wird es, wenn das Haus bislang noch keinen schwimmenden oder überhaupt noch keinen Estrich hatte. Denn dann muss zunächst einmal überprüft werden, ob ein neuer Estrich **statisch** ohne Weiteres überhaupt einzubringen ist. Vor allem Zementestrich ist extrem schwer. Es handelt sich dabei immerhin um eine 6 Zentimeter starke massive Zementplatte über die gesamte Grundfläche einer Wohnebene.

Ferner muss überprüft werden, welche Konsequenzen ein zusätzlicher Estrich für die **Raumhöhen** hat. Wenn Sie in ein Bestandsgebäude, in dem bislang kein Estrich lag, einen Estrich einbringen, dann verringert sich die Raumhöhe durch den zusätzlichen Bodenaufbau. Ein Zementestrich hat eine Stärke von etwa 6 Zentimeter. Hinzu kommt ein Trittschallschutz von ebenfalls etwa 6 Zentimeter, sind zusammen 12 Zentimeter. Bei einer Raumhöhe von 2,50 Meter, die Sie im Bestandsgebäude vielleicht vorfinden, kann diese dadurch auf 2,38 Meter absinken. Damit läge sie unterhalb der von den meisten Landesbauordnungen geforderten Raumhöhe für Wohnräume von 2,40 Meter.

Der neue Oberboden wird auf den Estrich verlegt.

Der neue Oberboden ist fertig verlegt.

Wenn ein Bestandsestrich ausgebaut werden soll, muss klar sein, worum es sich handelt (Material und Konstruktionsweise). Ein Verbundestrich aus Zement ist zum Beispiel wesentlich aufwendiger zu demontieren als ein schwimmender Estrich in Trockenbauweise. Und das schlägt sich natürlich bei den Angebotskosten nieder. Eine Formulierung wie „Estrich auf ca. 50 m² entfernen“ oder ähnlich wird nicht zu einem kostenfesten Angebot führen, sondern das Risiko von Nachforderungen bergen.

Bei der Wahl des neuen Estrichs sind vor allem Aufbaustärke, Verarbeitungszeit und Gewicht zu berücksichtigen. Im Zuge von Dachausbauten von Bestandsgebäuden zum Beispiel arbeitet man sehr viel mit Trockenestrichen. Wenn darauf später Teppich gelegt wird, funktioniert das auch relativ problemlos. Mit Fliesen zum Beispiel ist es aber eher schwierig, denn sie können durch ungleichmäßige Hebungen und Setzungen der einzelnen Estrichplatten reißen. In Erd- und Obergeschossen von Bestandsgebäuden arbeitet man beim Wieder- oder Neueinbau von Estrichen nicht selten mit Gussasphaltestrich. Er hat eine deutlich geringere Aufbauhöhe als Zementestrich (statt 6 Zentimeter nur etwa 3 Zentimeter) und er wird heiß eingebaut. Das hat den Vorteil, dass keine Feuchtigkeit in das Bestandshaus eingebracht wird, wie das bei Anhydrit- oder Zementestrich der Fall ist. Hinzu kommt, dass man auf ihm sehr viel schneller weiterarbeiten kann als auf Anhydrit- oder Zementestrich. Gussasphaltestrich muss nicht trocknen, sondern nur auskühlen. Das geht deutlich schneller – unabhängig von der Jahreszeit. Schon nach ein bis zwei Tagen kann man ihn betreten.

Sehr häufig sind Böden bzw. Decken von Bestandsgebäuden nicht eben. Teilweise sind sie sogar extrem „schräg“. Das kann bis hin zu vielen Zentimetern von einer Raumecke zur anderen gehen. Nicht immer bemerkt man das gleich, weil vielleicht bei der Verlegung des Oberbodens versucht wurde, zumindest einen gewissen Ausgleich zu schaffen. Spätestens aber wenn man den Estrich oder Rohboden auf Ebenheit untersucht, wird man das feststellen. Dann bringt man üblicherweise eine sogenannte **Ausgleichsschicht** ein, bevor der neue Estrich verlegt wird. Diese Ausgleichsschüttung (zum Beispiel aus Perliten, das sind

Gesteinskörnchen vulkanischen Ursprungs) liegt üblicherweise unterhalb der neuen Trittschalldämmung. Sie kann aber auch dazu führen, dass sich der gesamte Bodenaufbau deutlich erhöht. Dann muss man abwägen, ob man dem Boden nur einen Teil der „Schräge" nimmt oder ob man ihn sogar komplett so belässt wie er ist.

Praxishinweise

Für die **Demontage** von Oberböden sollte bereits in der Ausschreibung darauf hingewiesen werden, dass der Unterboden, also der Estrich, komplett frei von Oberbelägen oder Klebespuren sein muss. Ebenso sollte er beschädigungsfrei sein oder eventuelle Beschädigungen sollten fachmännisch ausgebessert werden, sodass der Estrich zur Aufnahme eines neuen Oberbelags fertig vorbereitet ist.

Bei Auswahl und Einsatz des passenden Estrichs ist es gut, wenn der von Ihnen gewählte Architekt auch Erfahrung mit **Gussasphaltestrich** hat. Dieser wird im Neubau kaum, im Umbau dafür umso häufiger eingesetzt.

Vor der Abnahme der Estricharbeiten sollte auch das Folgegewerk (also zum Beispiel Fliesen-, Parkett- oder Teppichleger) die Qualität der Estrichoberfläche beurteilt haben, denn nicht immer ist die Oberfläche ohne Nachbearbeitung (Spachtelung) zur Aufnahme des Folgegewerks geeignet. Das kann bei der Abnahme des Estrichs gleich vorbehalten werden. Die Oberflächenqualität des Estrichs und die Aufnahmefähigkeit für den jeweiligen Bodenbelag ohne weitere Nachbearbeitungen müssen sorgfältig in die Ausschreibung aufgenommen werden.

Bauteil Wände

Allgemeine Probleme

Bei Wänden kann man ganz grundsätzlich zwischen **Außen- und Innenwänden** und **tragenden** und **nicht tragenden** Wänden unterscheiden. Außenwände sind im Einfamilienhausbau fast immer auch tragende Wände, aber auch unter den Innenwänden gibt es solche. Tragende Wände sind alle Wände, die statische Lasten abtragen, zum Beispiel von Decken und/oder anderen Bauteilen, die auf und/oder über ihnen liegen. Tragende Wände kann man nicht einfach aus einem Bauwerk herausnehmen, weil das zu statischem Versagen und letztlich zum Zusammenbruch des Bauwerks führen kann.

Wände weisen die unterschiedlichsten Konstruktionsweisen und Baustoffe auf: Beton, Mauerwerk (mit den verschiedensten Steinarten), Gips, Holz, Lehm, sogar Stroh. In den allermeisten Fällen werden Sie aber entweder auf Beton- oder Mauerwerkswände oder auf Gipsdielen- oder auch Gipskartonständerwände stoßen. In Bestandsfertighäusern oder alten Holzgebäuden gibt es natürlich auch Holzwände, meist Holzständerwerk mit Holzplatten verkleidet.

Aus welchem Material eine Wand besteht, muss Sie nicht weiter beschäftigen, solange Sie diese Wand in Ruhe lassen. Erst wenn Sie eine Wand herausnehmen wollen oder vielleicht an einem bestimmten Punkt einen Tür- oder anderweitigen Durchbruch planen, müssen Sie sich mit der Wand auseinandersetzen. Gleiches gilt, wenn Sie Wänden zusätzliche Lasten aufbürden wollen, zum Beispiel ein Dachgeschoss aufstocken. Während der Durchbruch oder die Herausnahme einer nicht tragenden Wand in der Regel kein größeres Problem darstellt, ist das bei einer tragenden Wand naturgemäß ganz anders. Hat man das vor, bedarf es im Zuge der Hausuntersuchung einer Überprüfung durch einen Statiker, damit die Arbeiten korrekt und damit kostensicher ausgeschrieben werden können. Der Aufwand zur Herausnahme einer tragenden Wand kann sehr hoch sein. Denn die tragende Wand muss dann ja durch andere Bauteile ersetzt werden, die ihre Aufgabe übernehmen. Das sind üblicherweise tragende Unterzüge, die als Ersatz eingefügt werden. Aber auch diese benötigen natürlich stabile Auflager an den Enden, um die statischen Lasten ihrerseits wieder an andere Bauwerksteile sicher abtragen zu können.

Tragende Wände erkennt man häufig bereits an ihrer Dicke (man spricht von der „Wandstärke"). Im Mauerwerksbau zum Beispiel beginnen tragende Wände üblicherweise mit einem **Mauerwerksmaß** von 17,5 Zentimetern und gehen dann über 24 und 30 Zentimeter zu 36,5 Zentimeter. Das sieht aber bei betonierten Wänden ganz anders aus. Daher sollte man sich auf solche Maße nicht einfach verlassen und nach Möglichkeit immer schauen, ob für das Gebäude noch die statischen Berechnungen und Dokumente vorhanden sind. Wenn sie in den eigenen Unterlagen nicht vorhanden sind, findet man sie manchmal noch bei der Baubehörde der zuständige Gemeinde. Sie archiviert üblicherweise sämtliche Bauanträge.

Bei Wanddurchbrüchen ist außerdem zu berücksichtigen, dass in Wänden zahlreiche Installationen liegen können. So kann man auf ein Wasserrohr ebenso treffen wie auf verlegte Elektrokabel. Wenn die Hauspläne nicht mehr erkennen lassen, wie die Hausinstallationen verlaufen, hilft häufig die Erfahrung eines Architekten, der überprüft, wie die Steig-, Fall- und Querleitungen laufen. Falls nötig, muss ein Metallsuchgerät eingesetzt werden. Leitungen in Wänden lassen sich versetzen. Aber all das kostet Geld und muss ebenfalls frühzeitig in die Ausschreibung aufgenommen werden.

Will man die Wände alle stehen lassen, wie sie sind, und nur die Wandoberfläche erneuern, lohnt sich im Zuge der Hausüberprüfung ein Putztest, also wie fest der vorhandene Putz noch auf den Wänden sitzt. Wenn er sehr lose ist, kann es sein, dass er in einzelnen Räumen oder auch im gesamten Haus abgeschlagen und neu aufgebracht werden muss. Solche Maßnahmen gehören früh in die Ausschreibung.

Mögliche Lösungen

Die Entfernung nicht tragender Wände ist – wie beschrieben – relativ einfach möglich. Die Herausforderungen liegen eher im Wand- und vor allem Bodenbereich, der angearbeitet werden muss. Manche Trennwände stehen auf dem Betonrohboden. Entfernt man sie, fehlt in ihrem ehemaligen Standbereich der Unter- und Oberboden, also etwa Dämmung, Trittschalldämmung, Estrich und Bodenbelag. Es kann Ihnen passieren, dass die Estriche, zwischen denen die Lücke dann ja geschlossen werden muss, unterschiedliche Höhen aufweisen. Soll in den neuen, durchgehenden Raum ein neuer, einheitlicher Bodenbelag kommen, kann man eventuell den gesamten Estrich so überarbeiten, dass der Niveauunterschied nicht mehr spürbar ist. Das ist zum Beispiel mit Ausgleichsspachtelungen möglich. Vielleicht muss man aber auch nur zwischen beiden Estrichen sehr geschickt anarbeiten, um das Problem in den Griff zu bekommen. Hat man solche Raumdurchbrüche vor, kann man die Niveauunterschiede der Räume bei der Voruntersuchung des Gebäudes prüfen. Sollen bestehende Bodenbeläge in solchen Bereichen erhalten bleiben, dann muss man sich frühzeitig überlegen, wie die entstandene Estrichlücke angearbeitet werden kann. Was etwa bei Parkett gut funktioniert, kann bei Fliesen eine große Herausforderung sein.

Wenn tragende Wände entfernt oder teilentfernt werden sollen, treten Probleme der Boden- und Wandanpassung natürlich auch auf. Zuvor müssen aber erst einmal die statischen Probleme gelöst werden. Bei kleinen Wanddurchbrüchen kann häufig einfach ein Türsturz gesetzt werden, der die Belastungen oberhalb des Durchbruchs aufnimmt. Dazu gibt es zum Beispiel Fertigteilstürze im Baufachhandel, die als Kombination aus bewehrtem Beton mit Ziegelmauerwerk ebenso zu erhalten sind wie als reine Betonstürze. Meistens werden diese Stürze dann in die Wand eingearbeitet, indem die Wand zunächst schlitzartig nur dort geöffnet wird, wo später der Sturz sitzen soll. Dieser wird eingefügt und erst danach wird der Durchbruch darunter ausgeführt. Die Decke wird in diesen Fällen – je nach Bedarf – manchmal einfach auf beiden Seiten der Schlitzarbeiten mit Sprießen (höhenvariablen Metallstützen) abgestützt, bis der Sturz in der Wand sitzt. Bei größeren Durchbrüchen arbeitet man generell mit dem temporären Abstützen von Decken. Wenn tragende Wände über große Lauflängen herausgenommen werden, ist das in jedem Fall notwendig.

Erst wenn die **temporären Stützenkonstruktionen** stehen und nach Möglichkeit vom Statiker abgenommen sind, kann die Entfernung der tragenden Wand beginnen. Längere, individuelle Unterzüge, die eingesetzt werden müssen, damit die statische Last abgefangen werden kann, müssen dann meistens individuell hergestellt werden. Im Neubau von Wohngebäuden werden Unterzüge fast immer aus Beton (im Holzbau auch aus Massivholz) hergestellt. Bei Umbauten sieht das anders aus. Dort kommen sehr häufig Stahlunterzüge zum Einsatz, die komplett vorgefertigt werden können und nicht – wie zum Beispiel Ort-Beton – aufwendig geschalt und gegossen werden müssen sowie lange Trocknungsphasen benötigen. Der Stahl kann angeliefert und sofort eingebaut werden. Er braucht keine Trocknungszeiten oder Ähnliches. Für den Brandschutz wird er meist noch ummantelt. Denn bei Stahl ist in der Regel eine Feuerschutzummantelung notwendig, die meist mit speziellen Gipsbauplatten erfolgt.

Im Einfamilienhausbau sind der Herausnahme tragender Wände theoretisch nur wenige Grenzen gesetzt, denn selbst große Lauflängen von Wänden können durch Stahlträger abgefangen werden. Allerdings haben diese Stahlträger – abhängig von ihrer Länge – auch eine wachsende Aufbauhöhe. Während ein kleiner Durchbruch mit einem relativ unauffälligen Trä-

Demontage alter Fliesen

Neue Wandverputzung

Herausnahme einer tragenden Wand

ger zu meistern ist, sieht das bei einem großen Durchbruch ab etwa 4 Meter anders aus. Hier kann die Aufbauhöhe des Stahlträgers empfindlich in die Raumhöhe eingreifen. Der Raum hat dann keine durchgehende, ebene Decke mehr, sondern der Unterzug bleibt sichtbar. Aber das sind die üblichen Kompromisse, die man bei Umbauten eingeht.

Die **Rohbauwände** selbst bleiben bei fast allen Umbaumaßnahmen, sogar bei sehr alten Häusern, stehen. Nur der Wandaufbau mit Putz, Tapete, Fliesen oder anderen Verkleidungen, wie zum Beispiel Holz, wird häufig abgenommen und erneuert. Wenn nur die Oberflächenschichten wie Tapeten und Fliesen abgenommen werden sollen, empfiehlt sich, wie bereits erwähnt, frühzeitig eine gute Untersuchung des darunter liegenden Putzes. Denn möglicherweise kommt beim Ablösen der Tapete der Putz mit. Wenn das im gesamten Haus passiert, ist ein neuer Putzauftrag notwendig und das ist sehr teuer. Das kann Sie, je nach Hausgröße, zwischen 4.000 und 7.000 Euro zusätzlich kosten, bei großen Häusern auch mehr.

Wenn beim Neuausbau eines Hauses auch ein neuer Putz zum Einsatz kommen soll, also zum Beispiel statt bislang Gips- oder Kalkzementputz nun ein Lehmputz, sollte die Bauphysik des gesamten neuen Wandaufbaus immer im Blick bleiben. Lehm zum Beispiel kann Luftfeuchtigkeit aufnehmen und wieder abgeben. Das schafft oft eine angenehme Luftfeuchtigkeit im Raum. Er ist daher durchaus ein sehr interessanter Putz für Innenräume. Ob man ihn einsetzt, hängt vom Preis und den Anforderungen des einzelnen Raums ab, aber auch davon, ob der neue Wandaufbau mit möglichen neuen Dämmungen und Dichtungen insgesamt geeignet ist, diese Fähigkeiten des Lehms „mitzutragen“. Denn ein neuer Putz sollte nicht Schäden in ein Bauwerk tragen, die bei der bisherigen Bauweise nicht zu befürchten waren. Auch das muss der Architekt vor der Ausschreibung klären.

Alte Fliesen können Ihnen bei der Demontage förmlich entgegenfallen, ebenso der gesamte marode Mörtel darunter. Genausogut kann es aber auch sein, dass die Fliesen extrem fest im alten Mörtel sitzen. Dann wird ihre Entfernung derart aufwendig, dass zu überlegen ist, sie einfach an den Wänden zu lassen und über die alten Fliesen neue zu setzen. Das geht und wird auch häufiger praktiziert. Wie man vorgeht, hängt vom Einzelfall vor Ort ab und wird normalerweise ebenfalls durch die Voruntersuchung des Gebäudes überprüft. Denn natürlich muss – je nach Vorgehen – auch eine unterschiedliche Ausschreibung der Handwerkerarbeiten erfolgen.

Praxishinweis

Wenn man Wände durchbrechen möchte, das räumliche Umfeld aber weitestgehend unbeschadet bleiben soll, empfiehlt es sich gegebenenfalls, **Staubschutzzellen** einzurichten. Das sind zum Beispiel folienbespannte Dachlatten-Konstruktionen, die staubdicht zwischen Fußboden und Decke rund um den geplanten Durchbruch verklemmt werden.

Manchmal müssen alte Wände auch vorbehandelt werden, bevor ein neuer Putzauftrag erfolgen kann. Wenn solche aufwendigen **Zwischenarbeiten** notwendig werden, muss das gleich in der Ausschreibung berücksichtigt werden, sonst drohen Mehrkosten.

Der ausgewählte Putz sollte immer das **Material der Wand** berücksichtigen. Ein Zementputz auf Sandstein etwa ist nicht sinnvoll.

Die Wände müssen vor Putzauftrag **trocken** sein.

Wo immer Sie **Putz nur in Teilbereichen** von den Wänden nehmen wollen oder es zu Wanddurchbrüchen kommen soll, sollte man den Putz vorschneiden bzw. durch die Handwerker vorschneiden lassen, um unkontrollierte Putzausbrüche zu verhindern. Das erspart teure und aufwendige Anarbeitungen.

Bauteil Decken

Allgemeine Probleme

Bei Umbauten sind Eingriffe in Decken eigentlich immer nur dann erforderlich, wenn neue Deckendurchbrüche erfolgen sollen oder wenn die bestehenden Decken geplante **neue Lasten** nicht einfach aufnehmen können. Das kann zum Beispiel ein neuer Estrich sein, dessen Gewicht die alte Decke nicht ohne Weiteres trägt.

Möglich ist auch, dass zum Beispiel eine neue Wand im Obergeschoss gesetzt werden soll und die Decke, auf der sie steht, von unten gestützt werden muss (siehe hierzu Bauteil Wände, Seite 115 ff). Wird das übersehen, kann es zu statischen Probleme kommen.

Schließlich kann es sein, dass Decken schwere **Schäden** aufweisen und abgebrochen oder teilabgebrochen werden müssen, etwa wenn bei einer alten Holzdecke die Balkenköpfe im Mauerwerk stark durchfeuchtet oder sogar schon angefault sind. Ansonsten werden Decken bei Sanierungen meist nur am Rande einbezogen, zum Beispiel wenn Kernbohrungen gesetzt werden, damit neue Rohrleitungen durch die Geschosse geführt werden können.

Probleme mit Decken bei Umbauten hängen sehr stark mit ihrer Konstruktionsweise zusammen. Weit verbreitete Konstruktionsweisen sind folgende:

- Holzbalkendecken,
- Ziegeldecken,
- Hohlblocksteindecken,
- Betondecken.

Holzbalkendecken
Bei Holzbalkendecken sind die tragenden Elemente Holzbalken, auf die von oben meist ein einfacher Bretterboden genagelt oder geschraubt wurde. Nicht immer erkennt man Holzbalkendecken sofort. Manchmal sind sie über die Jahre stark umkleidet worden und zum Beispiel von oben mit Teppich belegt, sodass man eine Massivdecke vermutet.

Tipp: Oft hilft ein einfacher Sprungtest. Wenn beim Aufkommen der gesamte Boden mitschwingt, handelt es sich meistens um eine Holzdecke.

Ziegeldecken
Bei Ziegeldecken werden spezielle Deckenziegelsteine gelegt und von oben und in Zwischenräumen mit Beton umschlossen. Das sind entweder Stahlbetonträger oder der Beton wird vor Ort mit den Ziegeln vergossen. Deckenziegel können statisch mitwirkend sein oder auch nicht. Sind sie statisch mitwirkend, werden nur die Fugen zwischen ihnen vergossen, wie Rippen zwischen den Ziegeln. Eine zusätzliche Betonplatte auf den Ziegeln ist dann nicht notwendig. Ziegeldecken können vorgefertigt sein und als größere Fertigteile an die Baustelle angeliefert werden. Früher wurden sie meist vor Ort hergestellt. Ihr Vorteil gegenüber reinen Betondecken lag im geringeren Schalungsaufwand, Betonbedarf und Gewicht. Auch ihre Wärmedämmung ist besser.

Nicht immer kann man am Rohboden sofort erkennen, dass es sich um eine Ziegeldecke handelt. Wenn die Ziegel statisch mitwirkend sind, sieht man eventuell auf der Rohdecke das Ziegel-Beton-Muster, weil der Beton nur die Fugen zwischen den Ziegeln füllt und über den Ziegeln keine Betonschicht als sogenannte Druckplatte notwendig ist. Bei statisch nicht mitwirkenden Ziegeln liegen die Ziegelsteine aber unterhalb einer geschlossenen Betonschicht und man sieht sie nicht. Erst wenn man die Decke von unten betrachtet, erkennt man ihre Konstruktionsweise.

Hohlblocksteindecken
Ähnlich konstruiert sind Decken mit großen Hohlblocksteinen. Sie funktionieren genauso wie die Ziegeldecken. Es gibt statisch mitwirkende Steine und solche, die statisch nicht mitwirkend sind. Letztere werden nicht nur in den Zwischenräumen mit Stahlbeton vergos-

sen, sondern erhalten auch von oben eine Betonschicht, die Druckplatte. Hohlblocksteine können auf Beton- oder Stahlträger aufgelegt sein. Bei solchen Verfahren kann man den Beton später sogar ganz schalungsfrei vergießen, da die Betonträger und die Hohlblocksteine die Decke von unten bereits verschließen. Auch solche Decken sind von oben nicht ohne Weiteres als Hohlblockdecken zu erkennen, man muss sich die Konstruktion von unten ansehen. Ein Problem können stark korrodierte Stahlträger sein.

Betondecken

Bei Betondecken unterscheidet man zwischen **Ortbetondecken**, die vor Ort geschalt und betoniert werden, und Teilfertig- bzw. Fertigdecken. **Teilfertigdecken** werden als relativ dünne Platten, bei denen auf der Oberseite die Stahlbewehrung herausschaut, auf die Baustelle geliefert, wo sie dann mit Ortbeton vergossen werden. **Fertigdecken** sind vollständig vorgefertigte Betonplatten und werden auf der Baustelle vor Ort nur noch an ihren Platz gelegt und später gegebenenfalls noch verfugt.

Decken, die aus einzelnen Steinen bestehen, werden üblicherweise in Beton- oder Stahlträger gehängt. Die **Trägersysteme** sitzen meist relativ dicht, das heißt, an irgendeiner beliebigen Stelle einen Durchbruch machen zu wollen, wie zum Beispiel bei einer durchgehend betonierten Decke, ist ohne Weiteres gar nicht möglich. Es sei denn, man bewegt sich mit einem Durchbruch jeweils zwischen zwei Beton- oder Stahlträgern. Man kann aber auch zwei oder mehr Felder komplett herausnehmen. Das ist nicht unähnlich dem Durchbruch durch eine Holzdecke. Auch bei dieser muss ja Rücksicht auf das Balkentragwerk genommen werden. Es ist also zum Beispiel wenig sinnvoll, einen kreisrunden Deckenausschnitt für eine Wendetreppe zu planen und auszuschreiben, ohne dass man überhaupt überprüft hat, mit welchem Deckensystem man es zu tun hat und ob ein kreisrunder Deckenausschnitt mit einem Durchmesser von 2 Metern überhaupt zu machen ist. Es geht zwar fast alles, aber unter Umständen mit erheblichen Kostenkonsequenzen. Ärgerlich ist nur, wenn man von einem solchen Sachverhalt auf der Baustelle überrascht wird. Daher sollte man vor geplanten Deckendurchbrüchen die Decken sorgfältig untersuchen (lassen), damit man genau weiß, welche effiziente Lösung infrage kommt und wie man sie ausschreibt.

In sehr alten Häusern sind die Decken manchmal auch Träger von Zierwerk (Stuck) und weisen teilweise sehr unterschiedliche **Verkleidungen** auf, aber selbst noch in Häusern bis in die 1950er-Jahre hinein findet man beispielsweise Schilfmatten als Putzträger, die unter der Decke montiert und überputzt wurden und Ähnliches. Vor einem Umbau muss man darüber Klarheit haben, mit welcher Deckenverkleidung man es zu tun hat.

Ähnlich wie in Wänden können auch in Decken **Leitungen** aller Art verlaufen, zumal es in früheren Baujahren kaum Vorgaben zur Leitungsführung gab. Dadurch sind Leitungen vielfach einfach diagonal über Decken oder Wände verlegt worden. Aus diesem Grund sind bei Eingriffen – vor allem in bewohnten Häusern – Vorsicht und möglichst Voruntersuchungen geboten.

Nicht selten werden Decken im Zuge von Umbauten auch gedämmt. Das kann zum Beispiel die Kellerdecke betreffen, genauso aber die oberste Geschossdecke. Die **Dämmung** der obersten Geschossdecke zu unbeheiztem Wohnraum oder Außenraum ist in der Energieeinsparverordnung sogar vorgeschrieben (siehe Hinweise zur Energieeinsparverordnung, Seite 152 ff.). Oberste Geschossdecken kann man gut von oben dämmen, wenn sie zum Beispiel über einen Dachraum zugänglich sind. Es gibt mittlerweile Systeme, bei denen eine Hartfaserdämmung mit einem Trittbelag (zum Beispiel einer Spanplatte/Sandwichplatte) bereits kombiniert ist, sodass man die Dämmschicht problemlos auch betreten und weiterhin Dinge lagern kann. Dadurch verändert sich natürlich die Raumhöhe. Das ist bei Dachräumen für Lagerzwecke aber meist undramatisch. Ferner muss die Dämmung natürlich an gegebenenfalls bestehende Bodenluken und/oder Schornsteinzüge und andere Durchdringungen, die erhalten bleiben, angepasst werden.

Bei der Kellerdecke sieht das etwas anders aus. Fast alle Keller aus den Baujahren bis tief in die 1980er-Jahre hinein, in Ostdeutschland bis 1989, sind überhaupt nicht gedämmt. Die einzige Dämmung zum Keller bestand etwa ab den 1970er-Jahren in Westdeutschland in einer Wärmedämmung zwischen der Kellerrohdecke und dem Erdgeschoss-Estrich. Dabei handelte es sich aber meistens nur um eine etwa 6 Zentimeter starke Dämmung. Will man hier Verbesserungen erreichen, müsste man entweder die Dämmung unterhalb des Erdgeschoss-Estrichs verstärken, was ein großer Aufwand wäre, weil man dann natürlich zunächst flächendeckend den Erdgeschoss-Estrich herausnehmen müsste. Daher entscheidet man sich fast immer dafür, die Kellerdecke von unten, also vonseiten des Kellers zu dämmen. Nachteil: Die Raumhöhe des Kellers reduziert sich dadurch teilweise erheblich.

Mögliche Lösungen

Deckendurchbrüche sind bei allen Deckenkonstruktionen möglich. Es kommt nur auf die **Durchbruchart** an. Sie kann unnötig aufwendig sein und sie kann einfach sein. Der Unterschied liegt am Ende in den Kosten. Es ist immer zu empfehlen, einen benötigten Treppendurchbruch im Gesamtzusammenhang zu sehen, also sowohl hinsichtlich der optimalen Anordnung der Treppe im Grundriss als auch hinsichtlich der optimalen Durchbruchlage durch die jeweilige Deckenkonstruktion.

Soweit Decken auf Trägern gelagert sind (Beton-, Stahl- oder Holzträger), kann man bisweilen auch zwei parallele Träger herausnehmen und so mehr Raum für die Treppe schaffen.

Bei Durchbrucharbeiten durch Hohlblock- oder Ziegeldecken passiert es nicht selten, dass ein Stück oder auch ein ganzer Stein zu viel herausbricht. Das ist normalerweise nicht weiter schlimm, weil die Decken ja modular aufgebaut sind. Einen herausgebrochenen Stein kann man durch geeignete Maßnahmen auch wieder ersetzen.

Bei **Beton- bzw. Stahlbetondecken** kann man meist relativ frei Durchbruchstellen wählen. Allerdings sind solche Decken nicht ohne Aufwand zu durchbrechen. Ähnlich wie Holzdecken werden sie daher meist aufgeschnitten bzw. aufgesägt. Betondecken haben üblicherweise eine Stärke von etwa 18 bis 20 Zentimeter. Im Beton selbst liegt außerdem eine sogenannte Bewehrung, das sind Stabstähle bzw. Stahlmatten, die dem Beton zusätzliche Stabilität verleihen. Auch diese müssen durchtrennt werden, wenn eine Decke durchbrochen werden soll. Sie müssen nach der Durchtrennung dann an den Schnittstellen auch wieder sehr sorgfältig geschützt werden, um das Rosten zu verhindern. Denn wenn solche Stahlbewehrungen zu rosten beginnen, kann der Beton langfristig sogar seine Tragfähigkeit verlieren. Bei kreisrunden Ausschnitten, wie es zum Beispiel für die Durchführung von Wendeltreppen der Fall ist, werden bei Stahlbetondecken sogenannte Zirkelsägen eingesetzt.

Praxishinweise

Bei der Analyse, um welche Decken es sich in Ihrem Haus handelt, sollten Sie immer einen Blick von unten auf die unverkleidete Rohdecke werfen. Dort zeigt sich fast stets die Konstruktionsweise. Die genaue Analyse ist sehr wichtig, weil eine falsche Deckenbeschreibung in der Ausschreibung später enorme Kosten verursachen kann, wenn zum Beispiel ein Deckendurchbruch geplant ist.

Ziehen Sie nach der Überprüfung lediglich einer Zwischendecke keine Rückschlüsse auf das ganze Haus. Es kann durchaus sein, dass in ein und demselben Gebäude unterschiedliche Deckentypen eingebaut sind.

Wenn wertvolle Decken durchbrochen werden, also zum Beispiel eine Stuckdecke, sollte vorher von der Deckenunterseite vorgeschnitten werden, damit möglichst keine unkontrollierten Deckenabplatzungen passieren. Das **Vorschneiden** sollte generell erfolgen, wenn der alte Deckenputz auch nach dem Umbau weiter erhalten bleiben soll. Es kann außerdem sein, dass auf der Deckenoberfläche, also auf dem Boden, von dem aus die Decke aufgetrennt wird, der Bodenoberbelag erhalten bleiben soll. Dann muss der **Deckenschnitt** durch alle Schichten geführt werden: Bodenoberbelag (zum Beispiel Parkett), Unterboden (zum Beispiel Estrich und Trittschalldämmung), Rohdecke und schließlich Deckenputz unterhalb der Rohdecke. Unter Umständen ist es sinnvoll, den Parkettschnitt vom Parkettleger durchführen zu lassen, er kann das Parkett so vorbereiten, dass er es später auch wieder optimal anarbeiten kann. Zumindest sollte der Parkettleger eingeschaltet sein. Gleiches gilt für Fliesenböden und den Fliesenleger. Vor allem dann, wenn es sich um Fliesen handelt, die erhalten bleiben sollen und nicht mehr nachzukaufen sind.

Deckenöffnung im Wohnbereich: Die Decke hat Schilfmatten als Putzträger.

Deckenöffnung von unten (Keller): Die Deckensteine sind gut zu erkennen.

Bauteil Treppen

Allgemeine Probleme

Treppen findet man in Bestandsgebäuden in den unterschiedlichsten Bauarten vor. Die häufigsten sind:

- Betontreppen,
- Holztreppen,
- Stahltreppen mit Holzstufen.

Außentreppen sind fast immer Betontreppen. Manchmal mit Belag, häufig auch als einfache Betontreppen. Bei den Innentreppen findet man häufiger auch Kombinationen aus einer Betonkellertreppe aber einer Holz- oder Stahltreppe mit Holzstufen für die Wohngeschosse.

Treppentragkonstruktionen – egal ob von Beton-, Stahl- oder Holzinnentreppen – halten sehr lange und sind meist problemlos weiter nutzbar. Oft geht es bei Treppensanierungen nur um den Oberbelag, also zum Beispiel die Stein-, Fliesen- oder Holzstufen. In seltenen Fällen haben Treppen auch einen Teppichbelag. Während Stein- und Fliesenbeläge eine sehr lange Lebensdauer haben, kann es sein, dass eine Holzstufe abgeschliffen und neu versiegelt werden muss. Bei Teppichbelägen leiden sehr schnell und sehr häufig die Kanten und die Auftrittflächen. Wenn es sich nicht um robusten Treppenteppich handelt, wird er oft ausgetauscht.

Häufig entsprechen alte Treppen – vor allem solche aus den 1950er- bis 1970er-, aber auch 1980er-Jahren – nicht mehr dem heutigen Geschmack. Betontreppen mit reich verzierten Fliesenbelag und Dekorelementen im Geländer oder Holztreppen im robusten Landhausstil mit massivem Geländerbrett passen nicht zum aktuellen eher puristischen Geschmack. Aus einer massiven Holztreppe, bei der die Stufen in die Treppenwangen eingearbeitet sind, kann man jedoch nicht ohne Weiteres eine Treppe des heutigen Stils machen. Bei Stahl- und Betontreppen hingegen geht das relativ einfach, indem man die Treppenbeläge tauscht. Bei Stahltreppen muss möglicherweise zusätzlich auch das Metallharfengeländer bearbeitet bzw. rückgebaut und durch ein einfacheres ersetzt werden. Bei Betontreppen muss bisweilen der Fliesenbelag relativ aufwendig abgebrochen werden. Tauscht man den Fliesenbelag durch Holzstufen aus, erhält man aus einer alten 1950er-Jahre-Treppe aber sehr schnell eine zeitgemäße Treppe.

Schwieriger wird es mit dem **Schallschutz**. Vor allem alte Betontreppen sind häufig einfach fest mit den oberen und unteren Decken verbunden. Jeder Schritt, den man auf der Treppe macht, kann im ganzen Haus gehört werden. Das wird manchmal noch dadurch verstärkt, dass die Treppe zusätzlich fest mit der seitlich begleitenden Wand verbunden ist. Moderne Treppen sind eigentlich eher aufgebaut wie kleine Brücken. Sie werden zwischen zwei Decken freitragend aufgehängt. Sie liegen auf der unteren und der oberen Decke nur auf und zwischen Treppe und Decke befindet sich auch noch ein Hartgummilager, das den Trittschall dämpft, der bei Benutzung der Treppe entsteht. Wollte man diesen Effekt auch bei

Betonbestandstreppen erreichen, müsste man sie zunächst physisch von beiden Decken, an denen sie fest montiert sind und möglicherweise auch von einer begleitenden Wand losschneiden. Das ist ein immenser Aufwand, wenn es nur um den Schallschutz geht.

Manchmal ist eine Treppe einer sinnvollen Grundrisslösung im Weg und soll komplett verlegt werden. Dann ist der Nutzen aber höher und der Abriss der Treppe erscheint gerechtfertigt.

Mögliche Lösungen

In den meisten Fällen werden Sie in gebrauchten Häusern Betontreppen mit Stein- bzw. Fliesenauflagen oder Stahltreppen mit Holzstufen finden. Bevor man überhaupt an die Sanierung einer Treppe geht, stellt sich zunächst natürlich immer die grundsätzliche Frage, ob der Treppenstandort bleiben soll, wo er ist, oder ob die Treppe neuen Grundrissaufteilungen weichen muss. Ist das der Fall, muss die Treppe gar nicht mehr saniert werden, sondern sie wird abgebrochen bzw. ausgebaut. An anderer Stelle wird man dann neue Deckendurchbrüche herstellen und neue Treppen einziehen.

Treppenverlegungen sind allerdings sehr aufwendig und teuer. Denn zu den **Kosten** der neuen Treppe kommt ja auch der gesamte Rückbauaufwand der alten Treppe. Bei Massivbetontreppen ist ein Treppenabbruch Knochenarbeit, weil man die Treppe nicht ohne Weiteres mit schwerem Gerät erreicht. Um einen alten Grundriss zukünftig flexibler nutzen zu können, kann es mitunter vorteilhafter sein, neben der alten Treppe über das ein oder andere Geschoss einfach eine zusätzliche Treppe laufen zu lassen. Bei der Anbindung eines nicht genutzten Dachgeschosses zum Beispiel, das bislang nur über eine Klappleiter angebunden war, wird das ohnehin so gemacht. Auf ähnliche Weise kann man auch Erd- und Obergeschoss über eine zweite Treppe verbinden, wenn dies an einem bestimmten Punkt besonders geeignet erscheint, ohne dass man die Bestandstreppe gleich abreißt.

Da man schon mit einfachen Eingriffen, wie dem Austausch von Oberbelägen und/oder den Geländern Bestandstreppen gut modernisieren kann, ist es sinnvoll, zunächst **Lösungen für die Bestandstreppen** zu suchen. Bei Stahltreppen sind die Geländer manchmal Teil der gesamten Konstruktion. Harfengeländer zum Beispiel können fest mit den übrigen Stahlteilen verschweißt sein. Bevor man solche Geländer herausnimmt, muss man untersuchen, ob sie statisch tragende Wirkung für die Treppe haben.

Hat eine Treppe einen sehr schlechten Schallschutz, kann man jeder Trittstufe auch eine eigene Trittschallunterlage verschaffen bzw. bei Stahl-Holzkombinationen Trittschalldämpferstreifen zwischen Stahlunterbau und Holztrittstufe einbauen.

Praxishinweis

Wenn Treppen **neue Oberbeläge** erhalten, sollten diese erst ganz zum Schluss der Umbaumaßnahme eingebaut werden, bis dahin kann man die Rohtreppe (bei Betontreppe) nutzen bzw. einfache Ersatzstufen aus Bauholz (bei Stahltreppe). Anderenfalls weisen die neuen Oberbeläge der Stufen möglicherweise bereits nach kurzer Zeit große Schäden, durch den Verschleiß während des Umbaus, auf.

Deckendurchbruch für die neue Treppe

Die neue Treppe ist montiert

Blick durch die Luke der alten Dachbodentreppe, die später geschlossen wird

Ersatztreppenstufen bzw. Bauholztreppenstufen für Stahltreppen kann man in die Treppenausschreibung aufnehmen. Der Schreiner kann dann das Maß, das er für die eigentlichen Stufen genommen hat, auch gleich noch für die einfachen Bauholzstufen verwenden, sie zuschneiden und temporär montieren. Ganz leicht geht das zum Beispiel, indem er die alten Stufen demontiert, in die Werkstatt mitnimmt und sie dort direkt als Mustervorlage nutzt. Als Erstes schneidet er dementsprechende einfache Bauholzstufen zu und montiert sie sofort wieder auf der alten Stahltreppe. So kann man die Treppe nach maximal ein bis zwei Tagen wieder benutzen. Am besten erledigt man solche Arbeiten gleich am Anfang eines Umbaus, dann muss man sich zu möglichen Treppenbeschädigungen keine Gedanken mehr machen.

Bauteil Heizungsinstallation

Allgemeine Probleme

Anlagentypen

Heizungsanlagen in Bestandsgebäuden findet man in den unterschiedlichsten Varianten vor. Man unterscheidet zwischen

- Einzelöfen, die einzelne Räume mit Wärme versorgen,
- Etagenheizungen, die einzelne Etagen mit Wärme versorgen,
- Zentralheizungen, die ein Haus zentral versorgen.

Einzelöfen

Einzelöfen findet man nach wie vor sehr häufig in Baujahren bis in die 1950er-Jahre in Westdeutschland und bis in die 1970er-Jahre in Ostdeutschland. Selbst Einzelkohleöfen findet man nach wie vor. Einzelöfen funktionieren als **Gasöfen** einigermaßen komfortabel, als **Öl- oder Kohleöfen** sind sie wenig bequem. Die Brennstoffzuführung erfolgt nicht automatisch und durchgängig wie bei Gas, sondern per Hand, was bei Kohle eine relativ schmutzige Arbeit und bei Öl auch relativ gefährlich und übelriechend sein kann.

Moderne Einzelöfen, im Volksmund gerne auch „Schwedenöfen" genannt, haben mit den alten Einzelöfen wenig zu tun. Als Pellet- oder Holzhackschnitzelofen, oft mit geschlossener Brennstelle (hinter Glas), sind sie relativ komfortabel zu bedienen.

Etagenheizungen

Kohle- und Gasheizungen gibt es auch als sogenannte Etagenheizung, mit der nicht mehr nur einzelne Räume versorgt werden, sondern ein Brenner für Wärme in mehreren Räumen sorgt. Bei **Gas** ist das kein größeres Problem, weil ein zentraler Brenner in jeder Hausetage installiert wird, der Wasser erwärmt, das dann zu Heizkörpern geführt wird. Kohleetagenheizungen funktionieren üblicherweise so, dass die Kohle vom Flur aus in eine Brennkammer gegeben wird, die dann zwei bis drei Räume mit der Strahlungswärme der Kohle versorgt. Alle Räume, die nicht an die Brennkammer baulich angebunden sind, bleiben jedoch ohne Wärme.

Zentralheizungen

Ab den 1960er-Jahren begann in Westdeutschland der flächendeckende Einzug von Zentralheizungen, vor allem in Form von Gas- und Ölzentralheizungen. Brenner und Heizkessel wurden meistens im Keller eingebaut und die Heizkörper dann von dort angefahren, allerdings sehr lange in der Konstruktionsweise des sogenannten **Einrohrsystems.** Das heißt, das Heizwasser lief durch ein zentrales Rohr, von dem aus Abzweige in die Heizkörper führten. War der jeweilige Heizkörper geöffnet (aufgedrehtes Heizkörperventil), gelangte das warme Heizwasser hinein, verließ ihn auf der anderen Seite wieder, wurde dann erneut von dem zentralen Rohr aufgenommen und floss mit dem heißen Heizwasser zu den weiteren Heizkörpern und am Ende zurück zum Heizkessel im Keller.

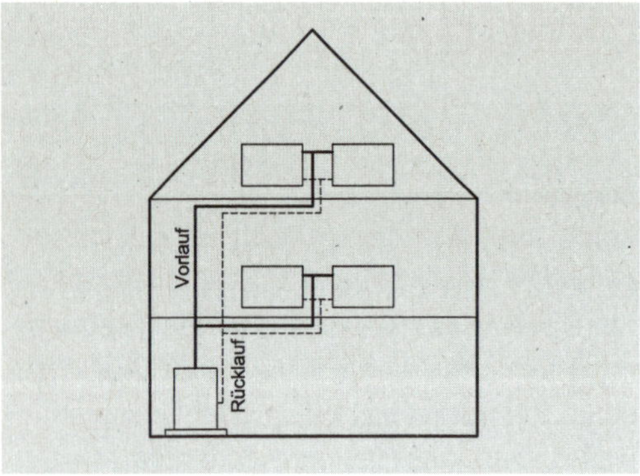

Altes Einrohrsystem

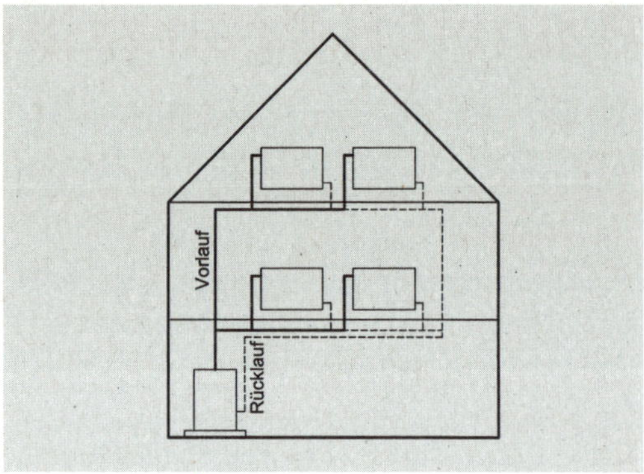

Modernes Zweirohrsystem

Der Nachteil dieses Systems bestand darin, dass das anfänglich noch heiße Heizwasser durch immer weitere Aufnahme abgekühlten Heizwassers aus den Heizkörpern immer kühler wurde. Wenn im Herbst oder Winter alle Heizkörper aufgedreht waren, bekam man die letzten Heizkörper, die an der Rohrleitung hingen, häufig gar nicht mehr richtig warm. Viele Leser werden das Problem aus ihrer Kindheit noch gut kennen. Moderne Heizungssysteme sind sogenannte **Zweirohrsysteme.** Jeder Heizkörper wird von der Heizzentrale aus separat angesteuert. Dadurch können alle Heizkörper unabhängig voneinander auf jeweils gewünschter Betriebstemperatur gehalten werden.

Seit den 1970er-Jahren, vermehrt ab Ende der 1970er- und Anfang der 1980er-Jahre kam in Westdeutschland die Fußbodenheizung auf. Dabei steuert die Heizzentrale nicht mehr Heizkörper an, sondern das Heizwasser fließt durch Leitungen (Heizschleifen genannt), die unterhalb des Estrichs, in der Dämmebene zwischen Rohboden und Estrich, verlegt wurden. Das Heizwasser gibt seine Wärme direkt an den Estrich ab, der es wiederum als Strahlungswärme in den Raum gibt. Fußbodenheizungen können dadurch mit deutlich geringeren Heizwassertemperaturen arbeiten als klassische Heizkörper. Man spricht von einer niedrigeren „Vorlauftemperatur". Die Heizschleifen der Fußbodenheizungen werden als Kunststoffrohre verlegt, weil diese einfach zu bearbeiten und leicht biegsam sind. Die ersten Kunststoffe waren allerdings relativ schnell porös und es kam häufig zu Leitungsbrüchen und relativ aufwendigen Reparaturen. Denn wenn eine Fußbodenheizung leckt, muss zunächst einmal das Leck gefunden werden. Schon das ist nicht ganz einfach, und spätestens zur Reparatur müssen der Oberboden und der Estrich aufgeschlagen werden, um an die Leitungen zu kommen.

Betriebsweisen

Kohle

Kohle war sehr lange der Hauptbrennstoff zur Beheizung von Häusern in Deutschland. Im Osten war der Anteil der Braunkohle höher, im Westen der Anteil der Steinkohle. Kohlenkeller zur Aufbewahrung der Kohle werden manche Leser vielleicht zumindest noch von der Wohnung oder dem Haus der Großeltern kennen. Mit Kohle ließ sich einfacher heizen als mit dem zuvor Jahrtausend lang genutzten Holz. Kohle glüht kontrollierter und länger. Sie verschwand erst nach etwa einem Jahrhundert aus den Heizungen, verdrängt von Gas und Öl, die mittlerweile auch schon weit über ein halbes Jahrhundert in Nutzung sind und nun von regenerativen Energien ersetzt werden sollen.

Öl- und Gasheizungen

Ab den 1960er-Jahren setzten sich **Öl** und **Gas** in Westdeutschland gegenüber allen anderen Brennstoffen durch. In Ostdeutschland blieb die **Braunkohle** bis 1989 Hauptbrennstoff. Nach der Wende verschwanden allerdings viele veraltete Heizungsanlagen in Ostdeutschland relativ schnell, sodass heute auch dort Gas- und Ölheizungen bestimmend sind.

Während man Gas relativ einfach durch die Gasleitungen bis zu den Häusern schicken kann, wird Öl jeweils in größere Mengen in häuslichen Öltanks bevorratet und von dort bis zum Brenner geleitet.

Elektrospeicherheizungen

Sogenannte Elektrospeicherheizungen wurden in den 1960er- und 1970er-Jahren in Westdeutschland stark gefördert. Bei einer Elektrospeicherheizung wird ein festes Medium (zum Beispiel Steine aus Magnesium oder Eisenoxid) oder ein flüssiges Medium (Wasser) mittels Strom stark erhitzt. Man spricht demgemäß von einer **Feststoffspeicherheizung** oder einer **Wasserspeicherheizung**. Die Stromzufuhr geschieht meist dann, wenn der Strom preiswert ist, also zum Beispiel nachts, daher auch die Bezeichnung **Nachtstromspeicherheizung**. Bei der Feststoffspeicherheizung zirkuliert Luft in den Steinkanälen, die über 600 Grad Celsius heiß sein können, und gibt die Wärme über einen Luft-Wasser-Wärmetauscher an das Heizwasser der Heizung ab. Bei der Wasserheizung wird das Heizwasser direkt erwärmt.

Elektrospeicherheizungen haben einen schlechten Wirkungsgrad und benötigen einen hohen Stromeinsatz. Sie werden heute nicht mehr eingebaut. In größeren Wohngebäuden ist ihr Rückbau bis 2019 sogar verpflichtend. Wenn das Haus keinen Gasanschluss hat und man nicht auf Öl zurückgreifen will, kann eine Alternative eine elektrische Wärmepumpe sein. Hier sollte man allerdings auch auf die Energieeffizienz achten (siehe den folgenden Abschnitt „Wärmepumpen").

Wärmepumpen

Wenn Sie ein Haus erworben haben, das in den späten 1990er-Jahren erbaut wurde, kann es gut sein, dass eine Wärmepumpe installiert ist. Dabei kann es sich um **Erdwärme-**, **Luftwärme-** oder auch **Grundwasserwärmepumpen** handeln. Wärmepumpen sind nichts anderes als Stromheizungen, die den Strom nutzen, um der Umwelt (entweder der Außenluft, dem Erdreich oder auch dem Grundwasser) Wärme zu entziehen, um sie für die Raumlufterwärmung einzusetzen. Wärmepumpen sind nur dann effizient, wenn ihre sogenannte **Jahresarbeitszahl** über 3,5 liegt, besser über 4, das heißt, dass der eingesetzte Strom in Kilowattstunden pro Jahr 3,5- bis 4-mal so viel Wärme in Kilowattstunden pro Jahr liefert (das Erneuerbare-Wärme-Gesetz verlangt für strombetriebene Wärmepumpen mindestens 3,5, siehe Hinweise zum Erneuerbare-Energien-Wärme-Gesetz, Seite 155 ff.).

Liegt dieser Wert unter 3,5, sind andere Brennstoffe in der Regel kostengünstiger als der Einsatz von Strom, der ja relativ teuer ist. Am effizientesten sind Grundwasserwärmepumpen, weil sie mit Wärme aus dem Grundwasser arbeiten (dieses hat über das Jahr gesehen die gleichmäßigste und höchste Wärmeabgabe). Sie sind aber auch am teuersten und am aufwendigsten zu bauen und daher auch am wenigsten verbreitet. Die geringste Effizienz haben Luftwärmepumpen, weil sie mit Wärme aus der Umgebungsluft arbeiten, und die kann im Winter natürlich richtig kalt sein, weshalb viele Luftwärmepumpen gemessen an ihrem Strombedarf zu wenig Wärme produzieren.

Holzpelletbrenner

Ab etwa dem Jahr 2000 kamen vermehrt Holzpelletanlagen auf. Dabei werden kleine Holzpresslinge in einem Brenner verbrannt. Die Holzpresslinge werden in großen Lagerkammern meist im Keller gelagert und dem Brenner über Förderschnecken automatisch zugeleitet. Holzpresslinge können in großen Tanklastern geliefert und einfach in den Lagerraum im Keller eingeblasen werden.

Blockheizkraftwerke

Auch viele Blockheizkraftwerke wurden ab etwa dem Jahr 2000 installiert. Für Einzelhäuser sind sie aber meist überdimensioniert, sie werden daher eher als kleinere Anlagen für Hausgruppen oder als größere Anlage für ganze Siedlungen installiert. Blockheizkraftwerke sind letztlich nichts anderes als Verbrennungsmotoren zur Wärmeerzeugung, die mit Öl, Gas oder Holzpellets betrieben werden können. Fast immer produzieren sie außer Wärme auch Strom. Eine andere Variante sind stromerzeugende Heizungen mit Kleinstmotoren (1kW). Sie wurden für kleine Gebäude konzipiert und werden vom Bundeamt für Wirtschaft und Ausfuhrkontrolle gefördert. Diese Heizungen sind aber bisher nur sehr selten im Einsatz.

Nah- oder Fernwärme

Bei neueren Baujahren trifft man manchmal auch auf Nah- oder Fernwärmeanschlüsse. Das heißt, dass das Haus Abwärme – zum Beispiel von Industrieanlagen in der Nähe – nutzt. Dabei ist vor allem zu beachten, dass möglicherweise langfristige Abnahmeverträge für die Fernwärme bestehen. Nicht immer können Sie aus solchen Verträgen einfach aussteigen. Wenn Sie ein Haus gebraucht kaufen, dessen Vorbesitzer einen solchen Vertrag unterzeichnet hat, müsste dieser Vertrag aber notariell an Sie übergeben worden sein (zum Beispiel als notariell beurkundete Anlage zu Ihrem Kaufvertrag), sonst gilt er für Sie üblicherweise nicht. Die Fernwärmeversorger dringen in ihren Verträgen aber meist auf eine solche notarielle Weitergabe im Falle eines Hausverkaufs. Außerdem sind Sie zunächst einmal natürlich auf die Fernwärme angewiesen. Wenn Sie die Fernwärmeheizung einfach weiternutzen, kann dadurch auch ein Vertragsverhältnis zustandekommen. Und schließlich kann es sein, dass in dem Wohngebiet, in dem das Haus steht, ein Fernwärmeanschluss obligatorisch ist, zum Beispiel weil die Gemeinde das im Bebauungsplan so festgelegt hat.

Geothermie

Noch sehr selten sind geothermische Nutzungen, das heißt die Nutzung der Erdwärme zur Hausbeheizung. Sie ist für Einzelbeheizungen auch sehr aufwendig. Man unterscheidet zwischen der Oberflächengeothermie und der Tiefengeothermie. Die Tiefengeothermie ist eigentlich nur geothermischen Kraftwerken vorbehalten, die zentral die Geothermie nutzen, um sie ganzen Siedlungen zur Verfügung zu stellen. In Landau in der Pfalz, in der Nähe von Karlsruhe, steht Deutschlands erstes solches Kraftwerk. Ein Kraftwerksbau dieser Art in Basel wurde nach Problemen mit Erdstößen eingestellt.

Solarthermie
Auch die Solarthermie, also die Nutzung der Sonnenenergie zur Beheizung von Gebäuden, ist in gebrauchten Häusern bisher sehr selten anzutreffen. Hier steht noch sehr viel Entwicklungsarbeit an. Es gibt allerdings auch einige vielversprechende Entwicklungen von innovativen Unternehmen, sodass in naher Zukunft noch Einiges erwartet werden kann.

Ganz egal, welche Heizungsanlage sich in Ihrem Haus befindet: Wenn sie ein bestimmtes Alter erreicht hat, 30 Jahre und mehr, sind fast immer einige **Instandhaltungs- oder Modernisierungsarbeiten** angezeigt. Schon allein deswegen, weil der Gesetzgeber manches zwingend verlangt. So sind in der Energieeinsparverordnung (EnEV) für Bestandsgebäude vor allem Nachrüstungen der Heizungsanlage geregelt. Was das im Einzelnen betrifft, lesen Sie in den Hinweisen zur Energieeinsparverordnung, Seite 152 ff. Auf Seite 154 finden Sie auch einen kleinen EnEV-Check, zur Prüfung, ob Ihre Anlage unter die Regelungen fällt.

In den Hinweisen zum Erneuerbare-Energien-Wärmegesetz ab Seite 155 finden Sie darüber hinaus Informationen, welche weiteren Nachrüstungen Sie vornehmen müssen, falls Sie Ihre Heizung modernisieren.

Sie müssen aber meist nicht nur diese gesetzlichen Pflichten erfüllen, sondern auch manche Probleme lösen, je nachdem wie umfangreich der von Ihnen geplante Umbau des Hauses ist. Mögliche Problempunkte mit der Heizung sind:

- **Neuauslegung** der Heizung auf eine (neue) Hausdämmung,
- **Anbindung** zusätzlicher, neuer Räume (zum Beispiel im ausgebauten Dachgeschoss) an das bestehende System,
- **Rohrleistungsüberprüfung** und gegebenenfalls Auswechselung im gesamten Haus,
- **Demontage** alter, großer Bauteile (unter anderem Tank, Heizkessel),
- **Neuinstallation** großer Bauteile (unter anderem Tank, Heizkessel),
- **Stilllegung** und Rückbau des Schornstein.

Für alle diese Punkte müssen vor dem Umbau Lösungen gefunden sein, weil sie sich natürlich in der Ausschreibung der Handwerkerarbeiten niederschlagen. Soll ein Heizungsbauer ein Angebot abgegeben, muss er ganz genau wissen, was er machen soll, sonst drohen Ihnen später hohe Nachforderungen. Einige mögliche Lösungen finden Sie im Folgenden.

Mögliche Lösungen
Bei einer Heizungsanlage in einem Bestandsgebäude lautet die Hauptfrage immer: Kann sie grundsätzlich so bleiben, wie sie ist, oder kommt es – schon aufgrund des Umbaus – zwangsläufig zu Veränderungen? Der Grund kann etwa darin bestehen, dass die Wohnfläche vergrößert wird oder alternative Energienutzungen einbezogen werden sollen. Es reicht auch schon, wenn das Haus einfach nur (neu) gedämmt wird. Wird hier eine neue, hochwertige **Dämmung** gewählt, bei der auch die Bestandsfenster gegen neue, hochwertig gedämmte Fenster ausgetauscht werden, ist

die alte Heizungsanlage dann meist überdimensioniert.

Soll die Heizung jedoch zunächst bleiben, wie sie ist, empfiehlt sich zumindest eine **Heizungsanlagenprüfung** nach DIN EN 15378. Diese genormte Überprüfung bieten mittlerweile viele Heizungsbaubetriebe an. Sie haben nach einer solchen Prüfung einen guten Überblick über Ihre Heizungsanlage und wissen, was eventuell gemacht werden sollte.

Will man einen solchen umfangreichen Test nicht machen, sollte man aber zumindest einen hydraulischen Abgleich der Heizungsanlage durchführen lassen, um wenigstens einen effizienten Heizwasserkreislauf sicherzustellen. Manchmal reicht schon die Neujustierung des Wasservolumens im Kreislauf und der Heizungspumpen, um die Effizienz erheblich zu steigern. In vielen Fällen wird es bei Umbauten aber um deutlich mehr gehen.

Neuauslegung der Heizung auf eine (neue) Hausdämmung

Wenn das Haus gleich oder später gedämmt werden soll, ist es sinnvoll, die Heizung auf diesen neuen Dämmstandard frühzeitig anzupassen. Fast immer sind die bestehenden Heizungsanlagen für **moderne Dämmstandards** überdimensioniert. Da ein gut gedämmtes Haus die von der Heizung produzierte Wärme viel besser halten kann, benötigt es auch eine deutlich geringere Heizlastauslegung. Natürlich muss man bei einem zu planenden Dämmstandard auch immer die vorgefundene Bauweise berücksichtigen. Aus einem Gründerzeithaus wird man mit vertretbarem Aufwand kaum ein hochgedämmtes Passivhaus machen können, bei dem man ganz auf die Heizung verzichten kann. Trotzdem ist bei vernünftig und angemessen geplantem Dämmstandard eine deutlich geringere Heizleistung möglich.

Es wird zwar immer empfohlen, zunächst einmal ein Haus zu dämmen und erst dann, wenn das Geld noch reicht, auch die Heizungsanlage nachzurüsten. Das große Problem bei einem solchen Vorgehen, vor allem bei gerade gekauften Bestandsgebäuden, besteht aber darin, dass man ja so schnell wie möglich einziehen will, um finanzielle Doppelbelastungen aus Hausfinanzierung und Mietkosten zu sparen. Vor dem Einzug will man verständlicherweise möglichst alle Innenarbeiten erledigt haben. Und die Heizung gehört zu diesen – im Gegensatz zur Außendämmung – natürlich dazu.

Wenn das Geld nicht für beides reicht, muss die Heizungsanlage vorgezogen werden, möglicherweise vorausschauend geringer dimensioniert. Denn dann hat man alle Wände und Decken für neue Installationen aufgeklopft und wieder verschlossen, bevor man das Haus bezieht, und muss das nicht später, wenn man bereits darin lebt, durchführen. Es ist deutlich einfacher, die Außenwanddämmung an einem bewohnten Haus später nachzuholen als die Inneninstallation sämtlicher Heizleitungen und Heizkörper.

Anbindung zusätzlicher, neuer Räume (zum Beispiel im ausgebauten Dachgeschoss) an das bestehende System

Wenn das Haus im Zuge eines Umbaus erweitert wird, muss auch die Heizungsanlage erweitert werden. Sie muss dabei nicht unbedingt in der **Dimensionierung ihrer Heizleistung** wachsen, aber in der Dimensionierung ihres Versorgungssystems, also der Heizleitungen und Heizkörper. Hat man es bei einer bestehenden Heizungsanlage zum Beispiel mit einem Einrohrsystem zu tun und plant nun Erweiterungen, ist es sinnvoll, die gesamte Heizung auf ein modernes Zweirohrsystem umzustellen. Denn häufig ist es so, dass nicht nur das Verteilersystem veraltet ist, sondern auch die Rohrquerschnitte und das transportierte Wasservolumen zu groß sind. Materialermüdung der Rohrleitungen kann hinzukommen. Wenn es sich bei den Rohrleitungen nicht gerade um Edelstahlrohre handelt, sondern um einfache Eisenrohre, die rosten können, oder auch um Kupferrohre, bei denen man – je nach Wasserqualität – nach einigen Jahrzehnten mit Lochfraß rechnen muss, dann ist ein Austausch sinnvoll, wenn man ohnehin gerade die ganze Heizungsanlage wechselt.

Die Anbindung zusätzlicher Räume an eine bestehende Heizungsanlage sollte vorab geprüft werden. Üblicherweise sind solche Erweiterungen kein größeres Problem, dennoch haben sie natürlich Auswirkungen auf eine bestehende Heizungsanlage. Wenn sie ganz neu installiert werden soll (also auch mit neuem Brenner oder Wärmepumpe etc.), lässt sich bei der Planung sozusagen nochmal vom Punkt Null starten.

Sollen im Zuge Ihres Umbaus komplexere Heizungsarbeiten erfolgen, die ausgeschrieben werden müssen, sollte auf jeden Fall ein Fachingenieur hinzugezogen werden, schon allein um sicherzustellen, dass die Anlagendimensionierung und Auslegung korrekt berechnet sind und richtig ausgeschrieben werden. Üblicherweise arbeiten Architekten eng mit Fachingenieuren zusammen. Umbauerfahrene Architekten haben aus bisherigen Projekten meist auch Kontakt zu Fachingenieuren, die sie benennen können.

Rohrleitungsüberprüfung und gegebenenfalls Auswechslung im gesamten Haus

Auch wenn das Haus im Zuge eines Umbaus nicht erweitert wird, ist es sinnvoll, die Bestandsheizleitungen zu überprüfen. In vielen Bestandsgebäuden liegen einfache Eisenrohre ungedämmt in ebenfalls ungedämmten Hausaußenwänden, was mehrere Fragen aufwirft. Die erste Frage lautet, ob es sich bei den Rohren um ein Einrohrsystem handelt, die nächste Frage, ob die Rohre einen günstigen Querschnitt haben. Dann muss überprüft werden, ob möglicherweise Materialermüdungen vorliegen und, ob die Rohrleitungen einen effizienten Weg durch das Haus nehmen oder unnötig „lang" durch das Haus verlegt sind. Das ist bei Einrohrsystemen fast immer der Fall.

All diesen Dingen kann man mit einem neuen Zweirohrsystem aus gedämmten Edelstahlrohren wirkungsvoll begegnen, die auf sehr kurzen Wegen, nötigenfalls durch neue Schächte vom Heizkeller zu den Heizkörpern, verlegt werden können.

Demontage alter, großer Bauteile (unter anderem Tank, Heizkessel) und Neuinstallation

Große Bauteile wie Heizkessel oder Öltank im Keller zu zerlegen ist sehr aufwendig, das muss sorgfältig ausgeschrieben werden. Das sollten nur Fachleute vornehmen, die eine solche Maßnahme schon mehrfach ausgeschrieben und durchgeführt haben. Bevor ein Öltank fachgerecht zerlegt werden kann, darf er weder Öl noch Ölrückstände enthalten. Auch die ausführenden Unternehmen sollten solche Eingriffe bereits durchgeführt haben.

Wenn im Zuge der Neuinstallation einer Heizungsanlage große Bauteile installiert werden müssen, muss natürlich überprüft werden, wie sie im Haus eingebaut werden können. Ein 3.000-Liter-Öltank lässt sich nicht einfach nachträglich in ein Haus einbauen. Meistens baut man eine alte Ölheizung aus, aber keine neue wieder ein, weil man auf erneuerbare Energien umsteigen möchte, doch auch dafür benötigt man große Bauteile, wie zum Beispiel Holzpelletlagerstätten oder Warmwasserspeicher.

Die **Holzpelletlagerstätten** sind seitens vieler Hersteller relativ flexibel gebaut. Anders als Öl benötigen sie keine feste Wandung, da Pellets ja nicht flüssig, sondern fest sind. Sie können auch in faltbaren Textilboxen gelagert werden, die man relativ einfach in den Keller bekommt. Diese Boxen dürfen aber ab einem bestimmten Lagervolumen wegen möglicher Brandgefahr nicht gemeinsam mit dem Brenner in einem Raum aufgestellt werden, geregelt durch die Feuerstättenverordnungen auf Länderebene. Bei einer Nennwärmeleistung der Heizung unter 50 Kilowatt dürfen bis zu 15.000 Kilogramm (je nach Lagerung ca. 20 bis 25 Kubikmeter) im Brennraum gelagert werden.

Bei großen **Warmwasserspeichern** ab etwa 300 Liter Inhalt kann man zwar davon ausgehen, dass sie durch alle Türen passen und auch nachträglich aufgestellt werden können. Wenn aber Zweifel bestehen, etwa weil die alten Kellertüren kein Normmaß haben und einen schmalen Eindruck machen, sollte man das rechtzeitig überprüfen.

Auch großformatige **Heizkessel**, die ausgetauscht werden sollen, können an Türmaßen scheitern. Daher muss ihre Abtransportfähigkeit überprüft werden.

Umnutzung oder Stilllegung von Schornsteinen

Ein leicht zu übersehendes Problem bei der Neuinstallation von Heizungsanlagen stellt der Schornstein dar. Alte Schornsteine sind auf die alten Heizungsanlagen ausgelegt. Häufig handelt es sich um Schornsteine mit rechteckigem oder quadratischem Querschnitt, die relativ heiße Abgase der alten Heizungsanlage ins Freie befördert haben. Abgase moderner Heizungsanlagen haben häufig aber eine ganz andere Temperatur, nämlich eine deutlich niedrigere, weil sie die Abwärme der Abluft nutzen, bevor sie an die Umwelt abgegeben wird. Auch das Abzugsverhalten der Abluft moderner Anlagen ist anders. Will man moderne Heizungen an alte Schornsteine anschließen, muss überprüft werden, ob das ohne Weiteres überhaupt funktioniert und genehmigungsfähig wäre oder ob man den alten Schornstein zum Beispiel mit einem neuen Innenschornstein, etwa in Form eines neuen Abzugsrohrs versehen muss. Solche Dinge müssen gegebenenfalls sogar mit dem Bezirksschornsteinfeger besprochen werden, der die Anlage später auch abnehmen wird. Auch hier sollte man alles tun, damit während der Bauphase keine ungeklärten Sachverhalte Fragen und Probleme aufwerfen, die viel Zeit und Geld kosten können.

Möglicherweise steigt man bei der neuen Heizung in großem Umfang um. So kann es zum Beispiel sein, dass man statt einer ehemaligen Ölzentralheizung mit Brenner im Keller nun eine Gaszentralheizung wählt, deren Brenner platzsparend unter dem Dach installiert wird. Diese Heizung benötigt dann nur noch eine sehr kurze Abgasführung, die über ein einfaches Edelstahlrohr außerhalb an der Giebelwand oder durch die Dachfläche geführt werden kann. Dann ist kein aufwendiger Schornstein mehr notwendig.

Gleiches gilt zum Beispiel beim **Umstieg** von Öl oder Gas auf eine Wärmepumpe. In diesem Fall braucht man gar keinen Schornstein mehr und man sollte sich mit seinem Rückbau beschäftigen. Das heißt, der Schornstein sollte zumindest bis unter das Dach geführt werden, damit von innen keine Wärme über den Schornstein entweicht und von außen keine Feuchtigkeit eindringt. Denn Schornsteine, die über Jahrzehnte in kalten Wintern durch die Abwärme gewärmt wurden und dann plötzlich nicht mehr, treffen auf völlig neue bauphysikalische Bedingungen. Im ungünstigsten Fall werden sie zu sehr großflächigen Wärmebrücken, an denen sich Feuchte und schließlich Schimmel niederschlägt.

Auswahl des neuen Heizungssystems

Die Auswahl eines neuen Heizungssystems hängt in fast allen Fällen von zwei Parametern ab: der vorhandenen Infrastruktur und den Kosten der Anlage. Eine Gas-, Nah- oder Fernwärmeheizung werden Sie zum Beispiel nur dann installieren können, wenn das Haus an entsprechende öffentliche Leitungen angeschlossen werden kann. Nicht überall ist das gegeben. Und eine Wärmepumpe, die mit Grundwasserwärme betrieben wird, kann nur dann installiert werden, wenn ein solcher Grundwassereingriff vor Ort überhaupt genehmigt wird.

Die Sonne wiederum scheint überall, ihre Nutzung kann auch niemand verhindern. Aber Heizungen, die ausschließlich mit **Solarthermie** arbeiten, sind noch sehr teuer. So gibt es beispielsweise Entwicklungen, eine Solarkollektoranlage mit Wärmepumpen zu kombinieren. Dadurch ist die von der Wärmepumpe genutzte Luft deutlich wärmer, was zu einem ganz anderen Wirkungsgrad der Wärmepumpe führt. Ob man solche intelligenten Systeme allerdings bezahlen kann und will, steht dahin. Wenn der Markt für solche Anlagen größer wird, sinkt aber sicher auch der Preis.

Bei den Überlegungen zum neuen Heizsystem muss man etwa in Baden-Württemberg berücksichtigen, dass 15 Prozent der zur Wärmeerzeugung benötigten Energie aus erneuerbaren Energien stammen müssen (siehe Hinweise zum Erneuerbare-Energien-Wärmegesetz, Seite 155 ff.). Das erreicht man zum Beispiel, indem man das Warmwasser weitgehend über eine Solarkollektoranlage erwärmt und in einem großen Warmwasserspeicher bevorratet.

Generell sollte man jede neue Heizungsanlage von vornherein so auswählen, dass sie später mit **solaren Zusatzelementen** wie Solarkollektoren zur Warmwasser- und Heizungsunterstützung ausgerüstet werden kann. Eine ganze Reihe von Herstellern bietet mittlerweile Anlagen, die auch später noch relativ problemlos nachgerüstet werden können. In diesem Punkt sollte man sich sehr ausführlich beraten lassen. Wenn nötig suchen Sie gemeinsam mit dem planenden Architekten und dem eingeschalteten Fachingenieur das Gespräch mit Vertretern der Hersteller in der Nähe. Eine Liste der Vertreter erhält man problemlos von den Unternehmen. Manchmal sind sie auch auf den Internetseiten der Hersteller verzeichnet.

Ausbau eines alten Wandofens

Installation einer modernen Zentralheizungsanlage

Wenn Sie bestimmte Förderungen in Anspruch nehmen wollen, werden genau definierte energetische Anforderungen an die Anlage gestellt. Klären Sie im Vorfeld, ob Anlagen, die in die engere Wahl kommen, auch förderfähig sind. Wenn Sie spezielle Kredit- oder Förderprogramme in Betracht ziehen, kann es auch Ihr Architekt oder Fachingenieur überprüfen.

Einen Überblick über die Qualität von Heizungsanlagen verschafft Ihnen auch die Stiftung Warentest (www.test.de).

Praxishinweise

Vor der endgültigen Wahl eines Heizungssystems kann es sinnvoll sein, den beauftragten Architekten und Fachingenieur nach verschiedenen Referenzobjekten zu fragen, in denen er möglicherweise unterschiedliche Heizungssysteme eingebaut hat. Vielleicht können Sie mit den Bewohnern über deren Erfahrungen mit dem jeweiligen Heizsystem sprechen und sich selbst ein Bild machen.

Eine Fußbodenheizung wird in Bestandsgebäude nur sehr selten nachträglich eingebaut, da dafür der gesamte Unterboden aufgebrochen werden müsste.

Tipp: Wichtige Informationen zur Heizungsauswahl liefert Ihnen auch der Ratgeber der Verbraucherzentrale: „Heizung und Warmwasser. Moderne Heiztechnik mit Sonnenergie, Holz und Co.“ (siehe Seite 189). Einen Heizungsvergleichsrechner finden Sie auf der Internetseite der Verbraucherzentrale Nordrhein-Westfalen: http://www.vz-nrw.de/heizsystemvergleich

Bauteil Sanitärinstallation

Allgemeine Probleme

Bei der Sanitärinstallation unterscheidet man zwischen der Wasserzuleitung und der Wasserableitung. Bei der Wasserzuleitung kann man dann nochmals differenzieren zwischen der Warmwasser- und der Kaltwasserversorgung.

Die **Wasserzuleitung** erfolgt über die öffentlichen Wasserleitungen, die unterhalb der Straße über das private Grundstück bis zum Haus verlegt werden. Die **Abwasserleitungen** laufen bis zum tiefsten Punkt des Hauses, gehen von dort über eine sogenannte Grundleitung in den privaten Abwasserkanal und dann hinaus zur öffentlichen Straße. Sie werden allerdings bei gebrauchten Häusern alle möglichen Varianten antreffen. Es gibt fast nichts, was es nicht gibt, und selbst mit einem gar nicht vorhandenen Anschluss an die öffentliche Wasserversorgung muss man rechnen. Das gilt vor allem für das Abwasser in entlegenen, ländlichen Gebieten. Hier ist mitunter nur ein Anschluss an eine örtliche Sickergrube vorhanden.

Wasserzuleitung

Wenn ein Gebäude an die öffentliche Wasserversorgung angeschlossen ist, haben Sie es in der Regel mit den folgenden Problempunkten bzw. Vorschriften bei der Wasserzuleitung zu tun:

Private Wasserzuleitung

Die private Wasserzuleitung beginnt an der Grundstücksgrenze am Übergabepunkt von der öffentlichen Leitung in die private Leitung. Das heißt, wenn die Zuleitung in diesem Bereich **Leckagen** hat oder veraltet ist, ist es Ihre Pflicht, sich darum zu kümmern. Das Interesse daran ist allerdings meist sehr verhalten, aus einem einfachen Grund: Die Wasseruhr, die die von Ihnen zu bezahlende Wassermenge misst, sitzt nicht an der Grundstücksgrenze, sondern meist im Hausanschlussraum im Keller. Das Wasser, was davor verloren geht, zum Beispiel durch Leckagen, bezahlt nicht der Hausbesitzer, sondern der Wasserlieferant. Hinzu kommt, dass Leckagen bei den Wasserzuleitungen vollkommen ungefährlich sind. Im Zweifel läuft etwas Wasser in den Boden. Sie werden kaum die private Wasserzuleitung aufgraben, um solchen Leckagen nachzuspüren. Es sei denn, es verhält sich umgekehrt und Verunreinigungen aus dem Erdreich werden in die Wasserzuleitung hineingetragen.

Rohrmaterialien

Kommt das Wasser im Haus an, läuft es über die Wasseruhr, mit der der Verbrauch gemessen wird. Von dort nimmt es dann zwei Wege: Ein Weg führt direkt in die Kaltwasserleitungen, die wiederum zu den Armaturen gehen, der andere führt entweder zur zentralen Warmwassererwärmung, sehr oft gekoppelt mit der zentralen Heizungswassererwärmung, oder zu den dezentralen Wassererwärmungsinstallationen. Das sind entweder Gasdurchlauferhitzer, direkt im Bad und in der Küche, oder auch Elektroboiler, die kleine Mengen, in der Regel zwischen 5 und 10 Liter, erwärmen und direkt am Wasch- oder Spülbecken vorhalten.

Bei den Wasserrohrmaterialien ist alles Mögliche anzutreffen: Rohre aus Blei, Eisen, Kupfer, Edelstahl, Kunststoff, Verbundkunststoff. Wenn man ein gebrauchtes Haus kauft, sollte man die **Qualität des Wassers**, das aus den Leitungen kommt, grundsätzlich von einem Trinkwasserlabor überprüfen lassen. Die Prüfung kostet zwischen 100 und 300 Euro. Bei Bleirohren können Sie aber auch ohne weitere Überprüfung von erheblichen Gefahren für die Gesundheit ausgehen. Dieses Material ist für Neubauten in Deutschland schon sehr lange verboten. Der Ausbau solcher Rohre sollte umgehend in die Ausschreibung und Kostenplanung aufgenommen werden.

Auch einfache Kunststoffrohre können ein Problem darstellen, da sie im Verdacht stehen, Weichmacher an das Wasser abzugeben. Eisenrohre sind bereits nach 20 bis 30 Jahren stark korrosionsgefährdet. Kupferrohre können unter Lochfraß leiden. Hinsichtlich Verbundkunststoffen liegen noch keine Langzeiterfahrungen vor. Einzig bei Edelstahlrohren weiß man, dass sie lange und problemlos halten. Sie sind aber relativ teuer und werden daher eher selten eingebaut.

Armaturen

Wenn die Bäder insgesamt noch im Originalzustand sind, findet man in der Regel ältere, einfache Armaturen vor. Ihre Auswechselung ist fast immer problemlos, da die Anbindungen von Armaturen an Leitungen über genormte Gewinde laufen.

Warmwasserspeicher und Zirkulation

Je nachdem, ob ein Gebäude über eine zentrale Warmwasserversorgung verfügt oder über eine dezentrale, erfolgt das Speichern von warmem Wasser über einen zentralen Speicher oder über Elektroboiler mit kleinen Vorratstanks, meist zwischen 5 und 10 Liter. Zentrale Speicher umfassen rund 120 Liter. Beide Varianten sind nicht mehr zeitgemäß. Standard ist heute eine **zentrale Warmwasserversorgung** mit solarunterstütztem Warmwasserspeicher von 300 Liter.

Eher selten werden Sie bei Gebäuden aus den 1950er- bis 1970er-Jahren Zirkulationsleitungen vorfinden. In diesen Leitungen wird das warme Wasser dauerhaft in Umlauf gehalten. Bei dezentralen Warmwassererwärmern gibt es sie natürlich nicht, nur bei zentralen Warmwassererwärmern und Speichern. Der Vorteil von Zirkulationsleitungen besteht darin, dass man das warme Wasser am Entnahmepunkt sofort nutzen kann. Ohne Zirkulation dauert es eine Weile, bis sich das Warmwasser vom Speicher bis zum Entnahmepunkt vorgearbeitet hat. Nachteilig ist, dass die Zirkulation, aufgrund des Pumpaufwands (Strombedarf zum Pumpenbetrieb) energieintensiv ist. Außerdem kühlt das Wasser in den langen Rohrleitungen natürlich auch schnell ab.

Trinkwasserverordnung

Wenn Sie ein größeres Haus kaufen, können Sie nach bereits vorliegenden Trinkwasseranalysen fragen. Denn die Trinkwasserverordnung schreibt vor, dass Hauseigentümer von Mehrfamilienhäusern mit Wasserspeichern ab 400 Litern jährlich mindestens eine Trinkwasseranalyse durchführen lassen müssen. Diese Überwachung bezieht sich unter anderem auf Legionellen. Dabei handelt es sich um kleine Bakterien, die sich in warmem Wasser aufhalten. Sie sind gefährlich, weil sie schon durch einfaches Einatmen Lungenentzündungen auslösen können. Erst bei dauerhaften Wassertemperaturen oberhalb von ca. 70 Grad Celsius kann man davon ausgehen, dass sie absterben.

Wasserableitung

Abwasserrohre

Von der Wasserentnahmestelle wird das Abwasser in die Abwasserrohre geleitet. Bei alten Sanitäreinrichtungen, vor allem Waschbecken, sieht man einen Teil dieser Abwasserrohre in Form des Siphons. Abwasserleitungen bestanden früher häufig aus Metall, nicht selten aus einfachem Eisen, das über die Jahre stark korrodierte.

Abwasserleitungen aus Eisen, die über 30 Jahre alt sind, sollten gut überprüft werden. Eventuell ist es sinnvoll, sie präventiv gegen neue Abwasserrohre zu tauschen. So vermeidet man, später einem Leitungsschaden nach dem nächsten nachgehen zu müssen. Vor allem bei Abwasserleitungen sind Rohrbrüche sehr unangenehm. Abwasserrohre bestehen in Westdeutschland seit etwa den 1960er- und 1970er-Jahren flächendeckend aus Kunststoff, meist graue **HT-Rohre** innerhalb des Hauses und einfachen, rötlichen PVC-Rohrleitungen außerhalb des Hauses. HT- und vor allem **PVC-Rohre** sind für die Umwelt keine gute Lösung. Nichtsdestotrotz werden Sie in einem Haus aus den genannten Baujahren solche Leitungen vorfinden. Sie haben zumindest den Vorteil, dass sie nicht korrodieren. Früher verwandte man häufig Gussrohre für die Fallrohre und Steinzeugrohre für Grundleitungen und Kanäle. Sie sind deutlich teurer als HT- und PVC-Rohre, jedoch nach wie vor die bessere, weil umweltfreundlichere Alternative. Sie kommen bei Neu- oder Umbauten aber praktisch überhaupt nicht mehr zum Einsatz.

Grundleitung, Abwasserkanal, Kontrollschacht

Von der Abwasserleitung fließt das Abwasser in der Regel an den tiefsten Punkt des Hauses im Keller und von dort – üblicherweise durch die Bodenplatte – in die sogenannte Grundleitung, die unterhalb der Bodenplatte zum privaten Abwasserkanal führt. Er führt das Abwasser dann über den **Kontrollschacht** bis zum öffentlichen Abwassernetz. Der Kontrollschacht ist eine Art Kanalschacht auf dem Grundstück, über den der Zustand des privaten Abwasserkanals kontrolliert werden kann (daher der Name). Alte Kontrollschächte und Abwasserkanäle sind oft aus massiven Baustoffen wie Zement oder Beton errichtet. Da sie außerhalb des Hauses und unter der Erde liegen, wurde ihre **Dichtigkeit** lange überhaupt nicht beachtet. Das hat sich mittlerweile geändert. Gemäß § 18 b Wasserhaushaltsgesetz, ergänzt durch Ländergesetze, mussten private Haushalte bis 2015 die Dichtigkeit des privaten Abwasserkanals nachweisen. Wenn der Vorbesitzer Ihres Hauses das noch nicht getan hat, müssen Sie das übernehmen. Wenn man umbaut, ist das eigentlich eine gute Gelegenheit, eine solche Kontrolle eventuell sogar in die Ausschreibung eines der Fachgewerke aufzunehmen.

Abwasserkanalleitungen können Mischsysteme und Trennsysteme sein. Bei Mischsystemen werden das Hausabwasser und das Regenwasser zusammen in einen Abwasserkanal geführt. Bei Trennsystemen werden das Hausabwasser und das Regenwasser in getrennten Kanälen zu ebenfalls getrennten öffentlichen Kanälen geführt. **Trennsysteme** setzen sich immer mehr durch. In vielen Kommunen gibt es zunehmend auch Vorschriften zur Versickerung oder Teilversickerung des Regenwassers auf dem Grundstück selbst.

Hebeanlagen

Die Voraussetzung dafür, dass Abwasser vom Haus über die Grundleitung in den öffentlichen Abwasserkanal fließt, ist ein natürliches Gefälle. Deswegen werden Abwasserleitungen, Grundleitungen und Kanäle auch mit einem leichten, natürlichen Gefälle versehen. Im Idealfall kann das Wasser auf diese Weise vom Haus bis zur Kläranlage natürlich fließen. Manchmal scheitert das aber bereits daran, dass der tiefste Punkt des Hauses, über den das Wasser ausgeführt werden soll, unterhalb des Niveaus des Straßenabwasserkanals liegt. Dann muss das Wasser zunächst einmal auf ein **höheres Niveau** als das des Straßenkanals gepumpt werden, um von dort mit natürlichem Gefälle abzufließen. Dieser Vorgang wird mit sogenannten Hebeanlagen bewältigt. Das sind elektrisch betriebene Einrichtungen, die das Abwasser von einem niedrigeren Niveau auf ein höheres Niveau heben. Hebeanlagen gibt es für normales Abwasser, Fäkalabwasser und für Kondenswasser, das beim Betrieb von Heizungen anfallen kann. Manchmal sind Hebeanlagen nur notwendig, weil auch der **Keller** mit Wasseranschlüssen versorgt ist. Wenn man die Wasseranschlüsse im Keller nicht benötigt und sie stilllegt, kann das Abwasser auf einem höheren Niveau (nämlich Erdgeschossbodenniveau) aus dem Haus in den Abwasserkanal geleitet werden. Dadurch entfällt möglicherweise auch die Notwendigkeit einer Hebeanlage.

Rückstauventile

Egal, wie das Haus an den Abwasserkanal angebunden ist, ob mit Hebeanlage oder ohne, kann es grundsätzlich passieren, dass Abwasser durch den Kanal zurück ins Haus drückt. Häufiger zu beobachten ist das bei Kanälen, die nicht über ein Trennsystem verfügen, sondern Regenwasser und Abwasser gemeinsam abführen. Wenn dann **starke Regenfälle** entstehen und der öffentliche Kanal diese Mengen nicht mehr aufnehmen kann, kann ein Rückstau entstehen, der Auswirkungen bis in die Hausanschlüsse hat. Um das zu verhindern gibt es sogenannte Rückstauventile. Diese sind in Bestandsgebäuden allerdings eher selten eingebaut.

Mögliche Lösungen

Bei den Voruntersuchungen im Vorfeld zur Ausschreibung für den Umbau sollte den Wasserleitungen genug Aufmerksamkeit geschenkt werden. Wenn diese in einem maroden Zustand sind, sollte man sie komplett wechseln. Am einfachsten kann man das natürlich machen, wenn das Haus innen ohnehin weitgehend von alten Tapeten oder Putzschichten befreit wird, denn die Wasserleitungen verlaufen fast immer in den Wänden.

Wasserzuleitungen

Eine vernünftige Investition bei den Wasserzuleitungen lohnt sich. Man sollte Eisenrohre, die nach 20 bis 30 Jahren stark korrodiert sind, nicht durch neue Eisenrohre ersetzen. Denn dann hat man das gleiche Problem mittelfristig wieder. Auch Kupferrohre, die möglicherweise unter Lochfraß leiden, sollte man nicht wieder durch Kupferrohre ersetzen. Sie haben auch den Nachteil, dass sie in den ersten beiden Jahren des Gebrauchs Schwermetallbestandteile abgeben können. Bei Verbundkunststoffrohren gibt es Diskussionen darüber, ob ihre leicht rauen Innenwandungen dazu führen können, dass sich dort Keime und Bakterien einfacher festsetzen können. Am unbedenklichsten ist bislang Edelstahl. Edelstahl kann nicht korrodieren, gibt keine problematischen Inhaltsstoffe an das Wasser ab und hat sehr glatte Innenwandungen, an denen sich Keime oder Bakterien nicht ablagern können. Edelstahl ist allerdings nicht ganz billig, kann aber eine sehr lohnende Investition sein.

Wenn neue Leitungen installiert werden, achten Sie darauf, dass sie den Vorschriften der EnEV entsprechend (siehe Hinweise zur Energieeinsparverordnung, Seite 152 ff.) gedämmt sind, die Ventile zum Absperren der einzelnen Stränge gut erreichbar sitzen und alle sorgfältig gekennzeichnet werden.

Die **Wasserqualität** des örtlich gelieferten Wassers sollte überprüft werden. Denn je nach Wassereigenschaften kann es sinnvoll sein, auch einen Wasserfilter an der Wasserübergabestation im Keller einzubauen.

Wenn die bestehende **Warmwasserversorgung** geändert oder erneuert werden soll, sollte diese Maßnahme sehr eng mit den Überlegungen zur Hausbeheizung abgestimmt werden. Vor allem dann, wenn die Wassererwärmung bislang dezentral erfolgte, sollte man sich überlegen, auf eine zentrale Wassererwärmung umzusteigen, die mit einer effizienten Heizungsanlage kombiniert ist. Im Idealfall wird diese zentrale Warmwassererwärmung auch mit Solarkollektoren unterstützt, in Kombination mit einem 300-Liter-Warmwasserspeicher. Reicht das Geld nicht für eine Solarkollektoranlage, sollten zumindest alle Vorkehrungen für eine spätere Nachrüstung getroffen werden. Auch ein größerer Speicher (300 Liter statt üblicherweise 120 Liter) kann von vornherein installiert werden. Dann muss dieser später nicht getauscht werden, wenn man auf Solarunterstützung umsteigt. Auch die Leitungen vom Dach bis in den Keller für den späteren Anschluss von Solarkollektoranlagen sollten bereits gelegt werden.

Will man für das Warmwasser Zirkulationsleitungen wählen, sollte man bedenken, dass deren Betrieb viel Strom kostet. Bei kurzen Leitungswegen vom Warmwasserspeicher bis zur Entnahmestelle und gut gedämmten Leitungen ist eine Zirkulation nicht zwingend notwendig. Wenn man eine solche installiert, sollte man darauf achten, dass der Betrieb zeitgesteuert werden kann. Warmwasser benötigt man häufig nur zu bestimmten Zeiten morgens und abends. Es ist nicht erforderlich, dass das Warmwasser den ganzen Tag über zirkuliert.Im Zuge eines Umbaus kann man aber vielleicht auch WCs und Bäder sehr kompakt übereinander legen und Leitungswege dadurch effizient und kurz halten. Bei Bestandsgebäuden sind sie häufig unnötig lang.

Wasserableitungen

Die Rohrquerschnitte von Wasserableitungen sind deutlich voluminöser als die von Wasserzuleitungen. Auch für Wasserableitungen gilt, dass Rohre, die stark angegriffen sind oder Materialermüdung aufweisen, ausgetauscht werden sollten. Zwingend ist das ohnehin immer dann, wenn WCs und Bäder im Zuge eines Umbaus neu angeordnet werden. Bei **Abwasserrohren** greift man nach wie vor meist auf Kunststoffe zurück, im Haus auf die grauen HT-Rohre und außerhalb des Hauses auf die

Vormontage für ein Waschbecken

Vormontage für ein WC

rötlichen PVC-Rohre, obwohl diese wenig umweltverträglich sind. Guss- oder Steinzeugrohre sind, wie bereits erwähnt, deutlich teurer, aber umweltverträglicher.

Benötigte das Haus bislang **Hebeanlagen** für das Abwasser, so wird das auch in Zukunft so sein. Es ist daher sinnvoll, bei den Voruntersuchungen auch den Zustand der eingebauten Hebeanlage(n) zu untersuchen. Falls man keine Hebeanlage haben möchte, ist das oft möglich, wenn man auf Wasseranschlüsse und Wasserabflüsse im Keller verzichtet. Das heißt aber auch, dass zum Beispiel die Waschmaschine dann im Keller nicht mehr ohne Weiteres aufgestellt werden kann, weil sie nicht mit Wasser versorgt wird und das Abwasser nicht abgeleitet werden kann.

Der nachträgliche Einbau von **Rückstauventilen** ist – je nach Bauart – möglich. Auch das sollte man frühzeitig in die Planungen und in die Ausschreibung aufnehmen.

Das Gleiche gilt für das Thema **Dichtigkeit** des privaten Abwasserkanals. Da Sie gemäß § 18 b des Wasserhaushaltsgesetzes sowieso dazu verpflichtet sind, das zu überprüfen, können Sie es im Zuge eines Umbaus auch gleich tun. Wenn an der Grundleitung und am privaten Abwasserkanal Undichtigkeiten auftauchen, sollte man auch deren Behebung gleich in die Ausschreibung aufnehmen. Allerdings sind Undichtigkeiten in der Grundleitung, also der Leitung, die unterhalb der Bodenplatte des Hauses liegt, nur sehr aufwendig zu reparieren. Man kommt an diese Stelle nicht mehr heran. Statt einer großen Reparatur kann in solchen Fällen eine Stilllegung der alten Leitung und die Installation einer neuen Leitung, die nicht mehr unterhalb der Bodenplatte geführt wird, sondern zum Beispiel durch eine Kelleraußenwand zum Kanalanschluss, die günstigere Lösung sein. Den Abwasserkanal selbst kann man normalerweise relativ gut instandsetzen, da man ihn bei größeren Lecks freigraben kann.

Praxishinweise

Bei der Installation neuer Wasserleitungen ist es sehr sinnvoll, diese effizient und auf kurzen Wegen durchs Haus zu legen. Das spart Material- und Arbeitsaufwand. Eventuell nötige Reparaturen werden einfacher. Man kann gegebenenfalls auch neue Steig- und Fallschächte für die Rohrleitungen setzen lassen (zum Beispiel in Form von einfachen Gipskartonverkleidungen), sodass man die Rohre einfacher erreichen kann und nicht jedes Mal eine Wand aufgeschlagen werden muss, wenn etwas repariert werden muss.

Bauteil Elektroinstallation

Allgemeine Probleme

Die Elektroinstallation von gebrauchten Häusern ist häufig veraltet, was allerdings differenziert zu betrachten ist. Elektroausstattungen aus den 1950er- und 1960er-Jahren sind vielfach noch mit Drehsicherungen (veraltete Sicherungen, die noch durchbrennen können, mitunter auch Schmelzsicherungen genannt) und ohne FI-Schutzschalter (Fehlerinduktionsschalter, auch Fehlerstromschutzschalter genannt, zur sofortigen Stromunterbrechung bei Risiko von Stromschlägen) ausgestattet. Sie sind fast immer erneuerungsbedürftig. Es ist sehr sinnvoll, hier Geld zu investieren. Gebäude aus den 1970er- und 1980er-Jahren kann man gegebenenfalls nachrüsten. Sie verfügen normalerweise bereits über moderne Sicherungen, aber häufig noch nicht über FI-Schutzschalter. Vor allem für die Stromkreise in Bädern und Küche ist das sehr wichtig, sinnvoll ist es auch in Kinderzimmern.

Außer der Sicherheit sind auch Umfang und Qualität der Ausstattung wichtig. Der **Bedarf** an Steckdosen hat sich über die Jahrzehnte stark erhöht. Alte Installationen haben oft eine zu geringe Anzahl an Steckdosen, Schaltern, Wand- sowie Deckenauslässen. Eine ausreichende Versorgung mit TV-, IT- und Telekommunikationsanschlüssen ist fast nie gegeben. Diese gehören streng genommen nicht zur Elektroausstattung, die dafür notwendigen Installationsarbeiten bieten aber viele Elektrofachbetriebe an.

Photovoltaik für die Stromgewinnung ist ein großes Thema geworden. Durch das Erneuerbare-Energien-Gesetz (EEG) konnte in der Bundesrepublik über viele Jahre der mit der eigenen Photovoltaikanlage erzeugte Strom an Stromanbieter verkauft werden. Die Einspeisung erfolgte über das Stromnetz, an das das Haus angeschlossen war. Die Stromanbieter mussten diesen Strom kaufen, und zwar zu einem festgelegten Mindestpreis. Die Einnahmen aus der privaten Stromproduktion refinanzierten dann meist die Investition in die Photovoltaikanlage. Das klappte aber nur, solange die Vergütungen auskömmlich waren. Da sie kontinuierlich sinken und demnächst ganz auslaufen werden, ist es günstiger, den selbst produzierten Strom auch selbst zu verbrauchen. Das große Problem ist allerdings die Speicherung des Stroms. Erst wenn hier neue Entwicklungen marktfähig werden, wird sich die Eigenproduktion richtig rentieren können.

Mögliche Lösungen

Bei einem Haus aus den 1950er- oder 1960er-Jahren, das noch über die ursprüngliche Elektroinstallation verfügt, sollte man die komplette Neuinstallation in Erwägung ziehen, denn die Elektroinstallation liegt üblicherweise unterhalb der Putzebene. Die nachträgliche Leitungsverlegung unter Putz bedeutet einen erheblichen Aufwand. Denn dann müssen in jedem Zimmer eine oder mehrere Wände für die Leitungsverlegung aufgeschlitzt werden und man muss im Grunde alle Wände noch mal neu tapezieren. Wenn also die Neuinstallation ansteht, dann ist es sinnvoll, das sofort zu unternehmen und mit der Außenmodernisierung des Hauses lieber noch etwas zu warten.

Wichtig! Sie sollten sich über die **Stromkreise** Gedanken machen. Diese sollten jeweils nicht zu viele Räume umfassen und nach Möglichkeit immer nur Räume, die ähnlich genutzt werden, also zum Beispiel Kinderzimmer, Bäder und WCs, aber nicht Küche und Wohnzimmer, Schlafzimmer und Arbeitszimmer etc. Sonst haben Sie das Problem, dass schon beim Austausch einer Lampe, wofür man üblicherweise die Sicherung herausnimmt, etwa in der Küche, dann auch gleich im Wohnzimmer vorübergehend „alle Lichter" ausgehen. Das heißt: Auch die Einstellungen aller Elektrogeräte können gelöscht sein. Oder: Im Schlafzimmer wird eine Lampe gewechselt und dafür die Sicherung ohne Vorwarnung abgeschaltet, was bei einem im Arbeitszimmer gerade laufenden Computer den Programmabsturz bis hin zum Datenverlust zur Folge haben kann.

Elektroinstallationen aus den 1970er- und 1980er-Jahren lassen sich häufig verhältnismäßig einfach nachrüsten. An erster Stelle steht hier die **Nachrüstung** mit FI-Schutzschaltern. Auch die Stromkreise können nachjustiert werden, ebenso der Umfang der Ausstattung (zusätzliche Steckdosen, Schalter etc.).

Neben den klassischen Elektroinstallationen gibt es mittlerweile auch Komfortinstallationen, sogenannte BUS-Systeme. Mit diesen kann man jederzeit alle Elektroanschlüsse immer wieder neu unterschiedlichen Schalterbedienungen zuordnen. Für die allermeisten Hausnutzer ist das allerdings unnötig.

Viel wird berichtet über die **Haustechnik der Zukunft**, was sie alles kann und wie wir das alles mit unseren Smartphones steuern werden etc. In Wirklichkeit lieben wir aber noch immer einfache Landhäuser und träumen davon, dass sie uns die Ruhe und Naturbezogenheit zurückgeben, die wir verloren haben. Ob der Kühlschrank für uns eines Tages via intelligenter Haustechnik selbstständig einkauft und ob wir das alles überhaupt wollen, steht in den Sternen. Die Wahrscheinlichkeit, dass wir außer dem Smartphone auch noch ein **„Smarthome"** wollen, scheint nicht besonders groß, gerade weil wir in der eigenen Immobilie ja auch bewusst einen Rückzugsort suchen.

Die Entwicklung wird wahrscheinlich eher in die Richtung gehen, wo sie uns tatsächliche Fortschritte ermöglicht und nicht nur Spielereien. Die Photovoltaik bringt solche Fortschritte. Ob sich deren Installation in Zukunft noch lohnt, wird stark davon abhängen, ob der Strompreis im Zuge der Energiewende weiter ansteigt.

Wer vor der Entscheidung steht, ob er in eine Solarkollektoranlage für die Gewinnung von

Alter Stromzähler im Keller

Neue Elektroinstallationen

warmem Wasser oder in eine Photovoltaikanlage zur Gewinnung von Strom investieren soll, dem kann zurzeit eher zur Investition in eine Solarkollektoranlage geraten werden. Denn deutliche Reduktionen bei der Heizkostenrechnung sind finanziell ergiebiger als deutliche Reduktionen bei der Stromrechnung. Ausnahme: Die Heizung läuft mit Strom, zum Beispiel eine Wärmepumpe. Dann kann sich deren Versorgung mit eigenem Strom natürlich lohnen.

Grundsätzlich sinnvoll ist es aber, auch die Installation einer Photovoltaikanlage zumindest vorzubereiten, indem man zum Beispiel schon Leerrohre für die spätere Aufnahme von Kabeln vom Dach bis in den Keller bzw. bis in den Hausanschlussraum legen lässt, über die später eine Anlage auf dem Dach an die Verteilereinrichtung angeschlossen werden kann.

Praxishinweise

Bei der geplanten Anzahl der Steckdosen und Schalter sollte man nicht zu knapp kalkulieren. Meistens benötigt man mehr Schalter und Steckdosen, als man zunächst glaubt. Es lohnt sich hier, von vornherein detailliert zu planen. Auch an Außensteckdosen und an Wandauslässe außen am Haus sollte man frühzeitig denken. **Außensteckdosen** müssen von innen schaltbar und wasserdicht sein.

Es kann sinnvoll sein, sich die Verlegung der Elektroinstallation in Leerrohren alternativ anbieten zu lassen. Ist der Preisunterschied nicht zu groß, können Sie später noch flexibel nachrüsten.

Leerrohre sollten mit Zugdrähten ausgestattet werden, damit Kabel nachträglich auch möglichst einfach eingezogen werden können.

Bauteil Terrasse

Allgemeine Probleme

Wenn Terrassen verändert werden sollen, zum Beispiel in ihrer Fläche und ihrem Oberbelag, muss geprüft werden, auf welchem **Unterbau** sie sich befinden. Bei Häusern aus den 1960er- und 1970er-Jahren sitzen Terrassen häufig noch auf einer Betonplatte. Nicht selten ist diese sogar direkt mit der Bodenplatte oder Kellerdecke des Hauses fest verbunden.

In anderen Fällen ist die Terrasse gleichzeitig die **Decke** eines darunter befindlichen Kellerraums. Dann ergibt sich bei Terrassenumbauten natürlich eine Reihe von Problemen. Da Ihre Terrasse in einem solchen Fall praktisch das Flachdach des Kellers bildet, muss bei Sanierungen sehr viel Aufmerksamkeit auf die Abdichtung des Terrassenunterbaus gelegt werden.

Terrassen, die direkt auf **Betonplatten** sitzen, wurden in den 1960er- und 1970er-Jahren häufig so konstruiert, dass die wasserführende Schicht ein Fliesenbelag im Mörtelbett war. Das heißt, Regenwasser, das auf die Terrasse traf, wurde direkt über die Oberfläche der Terrasse in den Garten abgeführt. Dazu musste die Oberfläche der Terrasse zum Garten hin leicht geneigt sein, die Fliesen und der Mörtel mussten frostbeständig sein. Sie werden aber nicht immer Terrassen vorfinden, die auf einer Betonplatte zusätzlich noch einen sorgfältig gearbeiteten Gefälleestrich haben und darauf ein frostsicheres Mörtelbett, in dem frostsichere Fliesen liegen. Häufig handelt es sich um gerissene Fliesen in einem brüchigen Mörtelbett – und alles ohne Gefälle.

Eine andere Variante ist der Aufbau, bei dem das Wasser nicht oberhalb der Fliesen sondern unterhalb der Fliesen abgeführt wird. Dabei wird die Betonplatte selbst gut abgedichtet und auf diese werden dann kleine Kunststofffüße gesetzt. Auf diesen Füßen wiederum werden Betonplatten lose verlegt (meist 20 x 20 Zentimeter), die höhere Gewichte tragen können. Das Regenwasser, das auf diese Terrassen trifft, läuft zwischen den offenen Fugen der Betonplatten hindurch auf die darunter befindliche wasserführende Schicht, also zum Beispiel die beschichtete Betonplatte, von wo aus es dann im Gefälle in den Garten läuft. Diese Konstruktionsweise hat Vor- und Nachteile. Die Vorteile liegen darin, dass die Terrassenoberfläche auch nach einem starken Regen immer wieder schnell trocken ist und die Betonplatten im Winter nicht ohne Weiteres reißen. Mörtelfugen existieren nicht und können so auch gar nicht erst brüchig werden. Ferner können Betonplatten im Schadensfall einfach ausgewechselt werden. Der Nachteil liegt darin, dass die Fugen offen sind, auch schon einmal etwas dazwischen fallen kann und die wasserführende Schicht für Kontrollen immer erst freigelegt werden muss.

Bei der dritten Variante existiert gar keine Betonplatte als Unterbau, sondern nur **Erdreich,** auf das eine Kiesschüttung aufgebracht wurde, in die die Betonplatten lose und mit offenen Fugen eingelegt werden. Das Wasser fließt ebenfalls in den offenen Fugen zwischen den Betonplatten ab, aber nicht auf eine darunter befindliche wasserführende Oberfläche, sondern in das Kiesbett, wo es versickert und von tieferliegenden Bodenschichten aufgenommen wird. Soweit die Theorie. In der Praxis kann eine solche Terrasse aber auch schon mal im Wasser schwimmen, wenn die Schichten darunter das viele Wasser nicht mehr aufnehmen können. Dabei kann das Wasser durch die offenen Fugen der Betonplatten sogar zurück auf die Oberfläche gedrückt werden. Die Betonplatten können durch die lose Einlegung ins Kiesbett natürlich auch verrutschen bzw. auch einfach ins Kiesbett einsinken, sodass sie von Zeit zu Zeit neu unterfüttert werden müssen.

Wenn auf eine Terrasse nachträglich ein Wintergarten gesetzt werden soll, ist die Klärung der **Belastungsfähigkeit** der Terrassenplatte wichtig. Wie dargelegt, hat nicht jede Terrasse überhaupt eine solche Platte oder Fundamente als Unterbau. Selbst wenn das aber so ist, reicht das statisch möglicherweise nicht. Dann muss nachgebessert werden.

Mögliche Lösungen

Wenn die Terrasse ein überbautes Kellerbauteil ist, muss sie im Grunde behandelt werden wie ein Flachdach. Die erste Frage lautet dann natürlich: Ist eine **Sanierung** überhaupt nötig und sinnvoll oder kann die Terrasse noch einige Jahre so bleiben? Wenn es gravierende Gründe für eine Terrassensanierung gibt (zum Beispiel weil der darunterliegende Keller allseitig gedämmt werden soll oder weil Wasser durch die Terrasse in den darunterliegenden Keller gelangt), dann ist die Sanierung sinnvoll. Wenn einem nur der aktuelle Fliesenbelag nicht gefällt, kann man über eine Verschiebung der Terrassensanierung nachdenken.

Ist die Terrasse nicht auch gleichzeitig die Kellerdecke, sondern nur eine betonierte Bodenplatte im Garten, dann kann man relativ flexibel mit ihr umgehen. Will man zum Beispiel das Haus dämmen, kann es sinnvoll sein, eine solche Bodenplatte auch physisch vom Haus zu trennen, sprich abzuschneiden. Das muss gegebenenfalls mit dem Statiker geklärt werden, denn eine freiliegende Betonplatte im Garten verhält sich natürlich anders als eine mit dem Haus fest verbundene. Man kann sich hier also auch ein Setzungsrisiko schaffen. Im Blick haben sollte man außerdem, dass sich an einer solchen neuen Schnittstelle zwischen Bodenplatte der Terrasse und Haus zum Beispiel Wasser nicht nach oben arbeiten darf oder sich in einer solchen Fuge nicht rückstauen sollte. Das wäre zum Beispiel denkbar, wenn der Untergrund aus lehmigem Boden besteht und das Wasser in der Fuge nicht schnell und sauber abgeführt würde.

Will man eine Terrasse mit betonierter Bodenplatte **erweitern**, sollte der untersuchende Architekt vor Ort entscheiden, ob man direkt an die bestehende Betonplatte anbetoniert oder besser mit einer Fuge arbeitet. Das Problem bei Erweiterungen ist nur, dass man das Gefälle der Terrasse „fortschreiben" sollte. Das heißt, das neu angesetzte Terrassenstück muss das Gefälle der Bestandsterrasse fortsetzen und am Ende einen neuen tiefsten Punkt haben.

Wenn die bisherige Terrasse kein Gefälle hat und das Wasser nicht sicher vom Haus wegführt, ist eventuell ein Gefälleestrich notwen-

Terrasse auf einer Betonplatte

Terrasse auf einem Keller

Einfache Außentreppe statt Terrasse

dig. Dafür müssen allerdings zunächst die Bestandsfliesen entfernt werden.

Solche Maßnahmen sind relevant, wenn man Schäden am Haus erkennt, die durch nicht weggeleitetes Oberflächenwasser auf der Terrasse entstanden sind.

Wenn man auf eine bestehende Terrasse einen **Wintergarten** setzen will, muss zunächst einmal überprüft werden, ob die Fundamente oder die Bodenplatte ein solches Gewicht überhaupt tragen kann.

Bei einer Terrasse ganz ohne Betonbodenplatte sind Erweiterungen, Verkleinerungen oder Fliesenerneuerungen normalerweise kein Problem. Denn meist besteht der Unterbau dann ja nur aus einer Kiesellage, die man flexibel entfernen oder hinzugeben kann.

Praxishinweise

Terrassen- und Außenanlagen geht man ganz zum Schluss an. Denn während der Umbauphase wird die Terrasse manchmal zu Lagerzwecken genutzt oder es muss ein Gerüst gestellt werden etc. All das könnte zu Beschädigungen eines gerade erst neuen Terrassenbelags führen. Die Terrassenarbeiten sollte man nach Möglichkeit im Frühjahr oder Sommer umsetzen.

Bauteil Balkon

Allgemeine Probleme

Die Oberflächenschichten von Balkonen aus den 1950er- bis 1970er-Jahren sind ähnlich aufgebaut wie die von Terrassen. Natürlich haben sie grundsätzlich eine Balkonplatte als Unterbau, soweit es sich nicht um Holz- oder Metallbalkone handelt, die eine eigene Balken- bzw. Trägerkonstruktion haben, im Einfamilienhausbau aber sehr selten sind.

Bis in die 1980er-Jahre wurden Balkone sehr häufig in Form sogenannter **Kragplatten** gebaut. Das heißt, die Betondecke der Obergeschosse wurde einfach ein Stück verlängert und kragte aus. Darauf wurde später der Balkonbelag verlegt und das Balkongeländer montiert. Es gibt Balkone, bei denen die Kragplatte sogar statische Bedeutung hat. Die gesamte Hausdecke kann durch einen relativ weit auskragenden Balkon, der über die gesamte Hausfront läuft, eine statische „Gegenentlastung“ erhalten. Der Balkon funktioniert dann wie eine Art Gegengewicht außerhalb des Hauses zur Decke innerhalb des Hauses.

Zwei weit verbreitete Probleme von Balkonen sind der fehlende **Wärmeschutz** der Balkonplatte und der fehlende sichere Wasserablauf. Ein Balkon würde normalerweise natürlich überhaupt keinen Wärmeschutz benötigen. Das Problem taucht aber auf, wenn die Balkonplatte eine Verlängerung der Deckenplatte ist. Denn dann kann in der kalten Jahreszeit, wenn das Gebäude innen beheizt ist, Wärme über die Decke/Balkonplatte nach außen gelangen. Bei einem gänzlich ungedämmten Gebäude aus den 1950er-, 1960er- oder 1970er-Jahren ist das kein besonderes Problem, da dort an allen Ecken und Enden Wärme nach außen entweicht.

Kritisch wird es erst, wenn die Außenwände eines solchen Gebäudes plötzlich gedämmt werden. Denn dann ist der Bereich, an dem die Deckenplatte in die Balkonplatte übergeht, der mit Abstand am schwächsten gedämmte Bereich. Dort kann in der kalten Jahreszeit die beheizte Raumluft stark abkühlen und Feuchtigkeit, die sie nicht mehr halten kann, an das Bauteil abgeben. Wird das zu einem dauerhaften Problem, kann sich dort Schimmel bilden.

Der zweite typische Schwachpunkt von Balkonen ist die **Wasserabführung**. Häufig fehlen bei alten Balkonen sorgfältig ausgebildete Gefälleestriche auf der Balkonplatte, die das Wasser sicher von der Hauswand wegführen. Ebenso sind die balkonumlaufenden Wasserrinnen häufig nicht sorgfältig gearbeitet. Hinzu kommt, dass der Balkonbelag, dort, wo er zur Rinne hin ausläuft, nur sehr selten eine sorgfältig ausgebildete sogenannte Tropfkante hat, damit das Regenwasser vom Oberbelag des Balkons direkt in die Rinne tropft und nicht noch an der Betonkante der Balkonplatte entlangläuft. Das schafft langfristig erhebliche Balkonschäden. Denn das Wasser beginnt irgendwann in die Betonplatte selbst einzudringen. Arbeitet es sich bis zur Bewehrung vor, kann diese anfangen zu rosten. Im Winter kann gefrierendes Wasser in der Platte den Beton auch absprengen.

Bei **Dachbalkonen** und Dachterrassen ist die sichere Wasserabführung besonders wichtig. Dachterrassen sind allerdings im Einfamilienwohnhausbau der 1950er- bis 1970er-Jahre eher die Ausnahme. Sollten Sie ein solches Haus erworben haben, ist es sinnvoll, möglichst bald einen großen Eimer Wasser über den Balkon zu schütten und den Wasserablauf zu beobachten. Selbst wenn Sie bis dahin gar nicht vorhatten, beim Hausumbau den Dachbalkon anzugehen, kann das ein nützlicher Test sein. Wenn es hier Probleme gibt, müssen Sie gegebenenfalls eine Dachbalkonsanierung in Betracht ziehen. Auch hier sollte ein Fachmann vorab die Schwachstellen analysieren, also ob die Wasserabführung in Ordnung ist oder womöglich bereits Schäden eingetreten sind, wenn ja, welche, und wie ihnen begegnet werden soll.

Mögliche Lösungen

Der Umgang mit dem Balkon hängt sehr stark von seiner Bauweise ab und davon, in welchem Umfang das Haus saniert oder umgebaut wird. Wenn ein Balkon direkt mit dem Haus verbunden ist, in Form einer auskragenden Betonplatte, das Haus aber gedämmt werden soll, dann kann man ihn entweder mit in die **Dämmung** einpacken oder man kann ihn abschneiden und einen neuen Balkon vor das Haus setzen. Man kann den Bestandsbalkon auch ersatzlos abtrennen und aus den ehemaligen Balkonfenstern französische Fenster machen, indem die Balkontüren Brüstungsgeländer erhalten, sodass man sie zwar weiterhin öffnen kann, aber nicht mehr auf einen Balkon gelangt. Man kann dann später einmal einen Balkon nachrüsten. Man müsste dazu später nur die Brüstungsgeländer vor den Fenstern wieder abnehmen.

Eine solche Abtrennung ist aber sorgfältig durch den Statiker vorab zu prüfen. Denn selten – aber durchaus manchmal – sind Balkone als statisch mitwirkende Kragarme konstruiert, die die Geschossdecke entlasten. Dann kann ein Balkon nicht einfach abgeschnitten werden.

Bleibt das Haus zunächst ungedämmt und ist der Balkon nur undicht oder aber fließt das Wasser nicht korrekt ab, kann eine **Oberflächensanierung** des Balkons ausreichen. In diesem Fall bleibt die Betonplatte des Balkons bestehen, wie sie ist, doch die Oberschichten müssen gegebenenfalls abgetragen werden, also die Abdichtung zum Beton, der Gefälleestrich und die Fliesen. Nicht selten entdeckt man, dass die Fliesen direkt auf den Außen-beton gefliest wurden. Dann muss man beim Entfernen sehr vorsichtig vorgehen, damit die Betonplatte möglichst nicht verletzt wird. Wichtig ist in einem solchen Fall auch, die Betonplatte zumindest mit einem Schutz vor Feuchtigkeit zu versorgen. Auch die nachträgliche Aufbringung eines Gefälleestrichs ist sinnvoll.

Ein Problem sind oft das **Balkongeländer** und dessen Befestigung in der Balkonplatte. Geländer und Befestigungen sind nicht immer von guter Qualität und mitunter auch einer vernünftigen Sanierung im Weg. Man sollte sich zunächst ansehen, in welchem Zustand das Geländer ist und ob sich eine Sanierung lohnt. Ist das der Fall, muss man prüfen, wie das Balkongeländer in der Betonbodenplatte befestigt ist (häufig an der Stirnseite der Platte) und ob das Geländer wirklich beschädigungsfrei demontiert werden kann, sodass auch die Stirnseite sorgfältig erneuert werden kann. Möglicherweise kann man um die Befestigungspunkte des Balkongeländers herum arbeiten, sodass es bleiben kann, wo es ist. Ist es bereits sehr marode oder stark angerostet, kann ein Austausch sinnvoller sein als eine aufwendige Reparatur. Ist es in so schlechtem Zustand, dass Absturzgefahr besteht, wird es nötigenfalls abgeflext, sofern keine andere **Demontage** möglich ist. Bei Stahl-Holz-Geländerkombinationen (beliebt in den 1960er- und 1970er-Jahren) lassen sich zumindest die Holzelemente meist abschrauben. Handelt es sich um ein reines Holzgeländer, sind Demontage und Wiedermontage meist gut möglich.

Balkon auf „Kragplatte"

Viele ältere Balkone haben entweder gar keine oder nur eine sehr schlechte umlaufende Rinne an der Stirnseite der Balkonplatte. Problematisch ist häufig auch die fehlende Tropfkante am Fliesenrand des Balkons. Das Wasser fließt dadurch schon an sich schlecht ab, die Rinne wird häufig verfehlt und es kommt zu **Feuchteschäden** und Ausblühungen. Hier hilft (bei Balkonen mit Wasserabführung auf dem Fliesenbelag) nur die Kombination aus einem sicheren Gefälleestrich unter dem Bodenbelag, einer funktionierenden umlaufenden Tropfkante und einer sicheren, im Gefälle verlaufenden Wasserinne an der Balkonstirnseite.

Ins Haus integrierter Balkon

Praxishinweise

Wenn das Haus im Zuge des Umbaus gedämmt werden soll, sollte man die Balkonplatte – soweit es sich um eine Kragplatte handelt – gleich mit dämmen. Deutlich teurer ist es, die Balkonplatte abzuschneiden und einen ganz neuen Balkon vor das Haus zu setzen. Und wie erwähnt, geht das auch nicht in jedem Fall ohne Weiteres.

Wird das Haus erst später gedämmt und ist der Balkon noch schadenfrei, kann man auf eine Balkonsanierung zunächst auch ganz verzichten.

Balkon auf Erker

Hinweise zur Energieeinsparverordnung (EnEV)

Die Energieeinsparverordnung (EnEV) regelt in den §§ 9, 10 und 11 Maßnahmen für Bestandsgebäude. Außerdem wird in § 14 die Nachrüstung von selbsttätig wirkenden, raumweisen Heizkörperreglern festgelegt. Die Regelungen der EnEV sind zwar sehr komplex, man kann die Anforderungen an den Bestand jedoch wie folgt zusammenfassen:

Die EnEV fordert Nachbesserungen an einem Bestandsgebäude,

... **generell**, wenn

- es sich um ein Gebäude handelt, das vom Eigentümer nicht selbst bewohnt, sondern vermietet wird, oder aber es sich um ein Gebäude handelt, das mehr als zwei Wohneinheiten hat, von denen eine vom Eigentümer bewohnt wird;
- das Gebäude nach dem 1.2.2002 einen Eigentümerwechsel erfahren hat;

... darauf im **Detail** folgend:

- das Gebäude eine Zentralheizung hat;
- der Heizkessel der Zentralheizung älter als 30 Jahre ist;
- die vorhandenen Heizkörper ohne selbsttätig wirkende Regler zur raumweisen Regulierung der Raumtemperatur ausgestattet sind;
- ungedämmte Heiz- und Warmwasserleitungen in unbeheizten Räumen vorhanden sind;
- oberste Geschossdecken ungedämmt sind;
- eine Modernisierung von Außenbauteilen geplant ist, bei der mehr als 10 Prozent der Gesamtfläche der jeweiligen Bauteilart geändert werden sollen;
- eine Gebäudeerweiterung erfolgt;
- durch Demontage von dämmenden Elementen, wie zum Beispiel zusätzliche Fassadenverkleidungen, die energetische Qualität des Gebäudes verschlechtert werden würde.

Die EnEV schreibt jedoch nur fünf Dinge für Bestandsgebäude in jedem Fall verpflichtend vor – und auch das nur unter folgenden Voraussetzungen:

Wenn das Haus, in dem Sie wohnen,

- keine Denkmalschutzauflagen hat und keine schriftlichen Befreiungsregelungen der zuständigen Behörden vorliegen

oder in dem Haus, in dem Sie wohnen,

- Warmwasserleitungen und oberste Geschossdecke nicht gedämmt sind,
- eine mit Öl oder Gas betriebene Zentralheizung vorhanden ist und
- der Heizkessel älter als 30 Jahre ist,

sind Sie dazu **verpflichtet**:

- die Heizungs- und Warmwasserrohre, die außerhalb von Wänden in unbeheizten Räumen verlaufen, zu dämmen,
- zentrale, selbsttätig wirkende Einrichtungen zur Steuerung und Ein- und Ausschaltung der Wärmezufuhr in Abhängigkeit von der Außentemperatur oder einer anderen Führungsgröße und der Zeit zu installieren,
- selbsttätig wirkende Einrichtungen zur raumweisen Regulierung der Raumtemperatur zu installieren.

Falls das Haus, in dem Sie wohnen, erst nach dem 1.2.2002 in Ihr Eigentum überging, sind Sie **zusätzlich verpflichtet**:

- den Heizkessel (wenn er älter als 30 Jahre ist) auszutauschen, soweit er kein Niedertemperatur- oder Brennwertkessel ist,
- die oberste Geschossdecke zu dämmen.

Ob die EnEV auf Sie zutrifft, können Sie auch mit dem kleinen Test auf Seite 154 überprüfen.

Bei Gebäuden, die unter Denkmalschutz stehen, können bestimmte Ausnahmen gemacht werden und in Fällen besonderer finanzieller Härte bestimmte Befreiungen beantragt werden. Dies muss aber im Einzelfall mit den zuständigen Behörden geklärt und von diesen auch genehmigt werden.

Wenn Sie nach dem EnEV-Check feststellen, dass die Modernisierungspflichten der EnEV in Ihrem Fall nicht greifen, müssten Sie grundsätzlich nichts tun.

Falls Sie feststellen, dass die EnEV in Ihrem Fall greift, sollten Sie nun herausfinden, in welchem Bereich dies der Fall ist. Sehr häufig wird es darum gehen,

- oberste Geschossdecken zu dämmen,
- Heizungsrohre sowie das Warmwasserverteilungssystem und die Armaturen zu dämmen,
- den Heizkessel zu erneuern,
- selbsttätig wirkende Heizungsanlagenregler oder Heizkörperregler nachzurüsten.

Bei der Dämmung der Gebäudehülle hingegen entstehen für Sie nur dann Pflichten zur energetischen Modernisierung entsprechend der EnEV, wenn Sie die Gebäudehülle (zum Beispiel Außenwände, Dach, Fenster) ohnehin und in einem bestimmten Umfang modernisieren wollen (nach der EnEV Modernisierungen im Umfang von 10 Prozent). Erst wenn Sie an solchen Bauteilen in diesem oder einem größeren Umfang Eingriffe vornehmen, müssen Sie dies gemäß den gesetzlichen Bestimmungen tun, vorher nicht. Sie dürfen allerdings die energetische Qualität der Gebäudehülle auch nicht verschlechtern.

EnEV-Check: Wann ist die Erfüllung der EnEV für Sie gesetzlich bindend?

Der folgende EnEV-Check hilft Ihnen, festzustellen, ob Sie von der EnEV betroffen sind.
Kreuzen Sie die Antwortoptionen mit »Ja« oder »Nein« an und Sie werden direkt zu einem Ergebnis geführt:
Wenn Sie auch nur bei einer der folgenden Fragen ein »Ja« ankreuzen müssen, bestehen für Sie gesetzliche Verpflichtungen zur Nachrüstung gemäß EnEV an Ihrem Bestandsgebäude.

1) Ist eine energetische Modernisierung Ihres Hauses geplant und ist diese Modernisierung für mehr als 10 Prozent einer Bauteilart? Sollen also zum Beispiel über 10 Prozent der Fensterfläche oder über 10 Prozent der Fassadenfläche modernisiert werden?
☐ **Ja** ☐ **Nein**

2) Planen Sie eine Gebäudeerweiterung, also zum Beispiel einen Anbau oder eine Aufstockung, die Ihr bestehendes Haus erweitern würde?
☐ **Ja** ☐ **Nein**

3) Planen Sie irgendwelche Maßnahmen, die die Dämmqualität Ihres Hauses verschlechtern können, also zum Beispiel die Freilegung von Fachwerk an der Hausfassade oder die Demontage einer Holzverschalung vor der Fassade?
☐ **Ja** ☐ **Nein**

4) Ist in Ihrem Gebäude eine Zentralheizung installiert, ohne ebenfalls zentral installierte, selbsttätig wirkende Einrichtungen zur Steuerung sowie Ein- und Ausschaltung der Wärmezufuhr in Abhängigkeit von der Außentemperatur oder einer anderen Führungsgröße und der Zeit?
☐ **Ja** ☐ **Nein**

5) Ist in Ihrem Gebäude eine Zentralheizung installiert und sind deren Heizkörper nicht mit selbsttätig wirkenden Reglern (Thermostatreglern) zur raumweisen Regulierung der Raumtemperatur ausgestattet?
☐ **Ja** ☐ **Nein**

6) Haben Sie Ihr Haus am oder nach dem 1.2.2002 erworben (Eigentumsübergang)?
☐ **Ja** ☐ **Nein**

7) Handelt es sich bei dem Gebäude nicht um ein Einfamilienhaus, sondern um ein Gebäude mit zwei Wohnungen, von denen Sie keine selbst bewohnen, oder generell um ein Gebäude mit drei oder mehr Wohnungen?
☐ **Ja** ☐ **Nein**

Folgende Fragen sollten ergänzend beantwortet werden, wenn Sie bei den Fragen 6) und/oder 7) ein »Ja« angegeben haben.

8) Hat Ihr Heizkessel eine Nennwärmeleistung zwischen 4 und 400 Kilowatt, ist er kein Niedertemperatur- oder Brennwertkessel, wird er mit flüssigen oder gasförmigen Brennstoffen betrieben undist er älter als 30 Jahre?
☐ **Ja** ☐ **Nein**

9) Sind in Ihrem Gebäude ungedämmte Warmwasserverteilungsanlagen und Armaturen eingebaut?
☐ **Ja** ☐ **Nein**

10) Sind in Ihrem Gebäude oberste Geschossdecken beheizbarer Räume ungedämmt?
☐ **Ja** ☐ **Nein**

Hinweise zum Erneuerbare-Energien-Wärmegesetz (EEWärmeG)

Im Januar 2009 trat bundesweit das Gesetz zur Förderung Erneuerbarer Energien im Wärmebereich, oder kurz Erneuerbare-Energien-Wärmegesetz (EEWärmeG) in Kraft. Dieses Bundesgesetz konzentriert sich im Wesentlichen auf Regelungen zum Einsatz erneuerbarer Energien bei der Heizwärmeversorgung von Neubauten, nicht von Bestandsgebäuden. Das heißt, dieses Gesetz muss Modernisierer eigentlich gar nicht weiter beschäftigen, bis auf ein **wichtiges Detail**: § 3 Absatz 4 des Gesetzes enthält eine Öffnungsklausel, die es den einzelnen Bundesländern ermöglicht, eigene Vorschriften auch für Gebäude, die vor dem 1.1.2009 fertiggestellt wurden, zu erlassen. Wörtlich heißt es:

»Die Länder können für bereits errichtete Gebäude, die keine öffentlichen Gebäude sind, eine Pflicht zur Nutzung von Erneuerbaren Energien festlegen.«

Diese Regelung geht zurück auf eine Initiative des Landes Baden-Württemberg. Denn schon vor Inkrafttreten des Bundesgesetzes trat in Baden-Württemberg im Januar 2008 das Gesetz zur Nutzung erneuerbarer Wärmeenergie, kurz Erneuerbare-Wärme-Gesetz (EWärmeG) in Kraft. Das später folgende Bundesgesetz orientierte sich zwar an diesem Landesgesetz, unterließ es aber, verpflichtende Nachrüstregelungen für Bestandsgebäude einzuführen. Genau dies aber hatte Baden-Württemberg getan, deshalb sind Modernisierer aus Baden-Württemberg heute in bestimmten Fällen verpflichtet, erneuerbare Energien einzusetzen.

Das EWärmeG für Baden-Württemberg ist das erste Gesetz in Deutschland, das auch für die Beheizung von Bestandsgebäuden die technische Nachrüstung zur Nutzung erneuerbarer Energien verpflichtend vorschreibt. Möglicherweise werden in näherer Zukunft auch andere Bundesländer solche Gesetze auf den Weg bringen, wenn die EU weitere Verschärfungen der Energiegesetzgebung umsetzt. Daher wird das Gesetz im Folgenden ausführlicher erläutert.

Das EWärmeG besagt für die Modernisierung von Bestandsgebäuden in Baden-Württemberg im Kern, dass Gebäude, die vor dem 1.1.2008 errichtet oder genehmigt wurden, im Falle des Austauschs einer Heizungsanlage mindestens 15 Prozent der für die Gebäudeheizung und die Bereitung des Warmwassers benötigte Energie aus erneuerbaren Energien gewinnen müssen.

Das Gesetz legt dabei klar fest, was als erneuerbare Energien gilt. Darunter fallen solare Strahlungsenergie, Geothermie, Biomasse einschließlich Biogas sowie Bioöle. Der Einsatz von Wärmepumpen wird nur unter bestimmten Bedingungen anerkannt, nämlich dann, wenn sogenannte **Jahresarbeitszahlen** erreicht werden, einerseits für elektrisch angetriebene Wärmepumpen (Jahresarbeitszahl 3,5) und andererseits für mit Brennstoff betriebene Wärmepumpen (Jahresarbeitszahl 1,2). Die

Jahresarbeitszahl einer Wärmepumpe definiert das Verhältnis des aufgewendeten Energiebedarfs (zum Beispiel Strom in Kilowattstunden pro Jahr: kWh/a) zum Ertrag an Heizenergie pro Jahr (ebenfalls in kWh/a). Je höher diese sogenannte Jahresarbeitszahl ist, umso effizienter die Energienutzung und desto niedriger die Heizkosten.

Elektrische Wärmepumpen erreichen heute Jahresarbeitszahlen zwischen 2 und 4. Gemäß EWärmeG wäre 2 aber klar zu niedrig. Die Wärmepumpe könnte dann bei der Quote zur Erreichung des Anteils an erneuerbaren Energien nicht eingerechnet werden. Dies ist auch sinnvoll und richtig, denn die Effizienz von strombetriebenen Wärmepumpen ist dann so niedrig, dass andere Beheizungsformen für die Umwelt deutlich sinnvoller wären. Eigentlich müssten strombetriebene Wärmepumpen ihren Strom auch aus erneuerbaren Energien beziehen. Sonst tritt das ein, was heute verbreitet ist: Wärmepumpen, die mit Kohle- oder Atomstrom betrieben werden. Das ist natürlich nur bedingt sinnvoll. Der Gesetzgeber in Baden-Württemberg stellt in diesem Punkt aber keine weiteren Anforderungen (etwa den Betrieb von Wärmepumpen ausschließlich mit Ökostrom).

Von den Regelungen des EWärmeG sind nur Gebäude mit einer Grundfläche über 50 Quadratmeter erfasst, außerdem alle Gebäude, die jährlich länger als vier Monate genutzt werden. Und schließlich sind nur Gebäude betroffen, die mit einer Zentralheizung ausgestattet sind.

Die Praxisnähe des Gesetzes zeigt sich an wichtigen Details: Fällt beispielsweise die Heizung plötzlich im Winter aus und muss sie schnell ersetzt werden, gewährt das Gesetz eine Frist von 18 Monaten, innerhalb derer auch nachträglich der Einsatz erneuerbarer Energien berücksichtigt werden kann, was im akuten Notfall nicht immer möglich ist. Diese Regelung ist gut, einfach und praxisnah.

Eine ebensolche Regelung betrifft den **Anteil an erneuerbaren Energien**, der erbracht werden muss. Die 15 Prozent sind nicht irgendein Fantasiewert, sondern ein Wert, der heute problemlos allein über die Installation einer Solarkollektoranlage zur Warmwasserbereitstellung erzielt werden kann.

Die 15 Prozent können aber auch auf anderem Weg erreicht werden: zum Beispiel durch Wärmepumpen mit den erwähnten Jahresarbeitszahlen. Ferner durch Brennstoffanlagen, bei denen 10 Prozent des Brennstoffbedarfs durch Biogas oder Bioöl gedeckt werden, oder aber indem man einfach pauschal eine Solarkollektorfläche von 0,07 Quadratmeter pro Quadratmeter Wohnfläche wählt. Für ein Gebäude mit einer Wohnfläche von 120 Quadratmetern wären dies also 8,4 Quadratmeter Kollektorfläche, auch dies ist eine einfache und sehr praxisnahe Regelung.

Handbeschickte Feuerungsanlagen, also zum Beispiel Öfen oder Kamine, in die der Brennstoff Holz per Hand nachgelegt wird und die nicht automatisch arbeiten, wie etwa Holzpelletöfen, können zur Erreichung der Quote von 15 Prozent an erneuerbaren Energien nicht angerechnet werden. Dies ist aber eine berechtigte Regelung und auch sie ist einfach und praxisnah, was dazu führt, dass Verbraucher sie schnell verstehen, einhalten und überprüfen können. Das, was in der EnEV völlig übersehen wurde, nämlich die einfache Praxistauglichkeit und gute Überprüfbarkeit, wurde im Gesetz des Landes Baden-Württemberg sehr gut umgesetzt.

Die Übersichtlichkeit und auch ein wenig die Umwelt leidet unter den vielen **»Ersatzweisen Erfüllungen«**. In diesen ist detailliert geregelt, dass die Verpflichtungen des EWärmeG ersatzweise auch anders erfüllt werden können. Hier gelten folgende Regelungen:

- Gebäude in Baden-Württemberg, die vor dem 1.4.2008 genehmigt oder errichtet wurden, können die Verpflichtungen des EWärmeG auch dadurch erfüllen, dass sie durch Dämmung der Außenwände, Decken, Dächer und Dachschrägen oder der obersten Geschossdecke die Anforderungen an den in der EnEV geforderten Wärmedurchgangskoeffizienten um 20 Prozent unterschreiten.

- Gebäude, deren Bauantrag vor dem 1.11.1977 gestellt wurde, dürfen die Transmissionswärmeverlustwerte der EnEV (in der Fassung vom 24.7.2007, Anhang 1, Tabelle 1) um nicht mehr als 40 Prozent übersteigen.

- Gebäude, deren Bauantrag zwischen dem 1.11.1977 und dem 31.12.1994 gestellt wurde, dürfen den Transmissionswärmeerlust der EnEV um nicht mehr als 10 Prozent übersteigen.

- Gebäude, deren Bauantrag zwischen dem 1.1.1995 und dem 31.02.2002 gestellt wurde, müssen den durch die EnEV vorgeschriebenen Transmissionswärmeverlust um mindestens 20 Prozent unterschreiten.

- Gebäude, die zwischen dem 1.2.2002 und dem 31.3.2008 genehmigt oder im Bau begonnen wurden, müssen die Transmissionswärmeverluste aus der EnEV als Ersatzleistung zu den Regelungen des EWärmeG um mindestens 30 Prozent unterschreiten.

Diese relativ umfangreichen Ersatzregelungen wären im Kern sicher nicht notwendig gewesen und verkomplizieren das ansonsten klare und einfache Gesetz eigentlich unnötig. Trotzdem ist das Gesetz gut, weil es alles in allem klar, verständlich und einfach gehalten ist.

Hinweise zur Barrierefreiheit

Die Barrierefreiheit von Gebäuden gewinnt zunehmend an Bedeutung. Es gibt dazu auch eine eigene Norm, die DIN 18040. Sie gilt allerdings nur für neue und öffentlich zugängliche Gebäude, also nicht für Bestandsgebäude und/oder private Gebäude. Die Kriterien der DIN sind teilweise so streng, dass sie in Bestandsgebäuden nur sehr schwer und mit erheblichem Aufwand umzusetzen wären. Im Zuge von Umbauten ist es daher meist sinnvoller, auf eine vernünftige **Barrierereduktion** zu schauen und nicht auf Barrierefreiheit nach DIN.

Barrieren sind nicht nur **physische** Barrieren. Barrieren können zum Beispiel auch **optische** oder **akustische Barrieren** sein. Blinde oder gehörlose Menschen sehen oder hören Signale, wie zum Beispiel eine digitale Herdanzeige oder einen Klingelton nicht. Wenn Personen mit entsprechenden Einschränkungen umbauen, sollten sie sich bei Fachstellen ausführlich zu Lösungsmöglichkeiten für solche Probleme beraten lassen. Eine Liste solcher Fachstellen finden Sie im Anhang des Buches. Die Fachstellen können manchmal auch Adressen von Planern, etwa Architekten und Innenarchitekten weitergeben, die sich intensiv mit dieser Thematik befassen. Es kann notwendig sein, für die Vorberatung zur Installation entsprechender Hilfen einen zusätzlichen Architekten zu Rate zu ziehen, der mit dem betreuenden Architekten vor Ort in enger Abstimmung die Anforderungen festlegt.

Bei den rein baulich-physischen Barrieren stellen die größten Probleme Hauseingang, Innentüren, Küche, WC, Bad, Terrassen- und Balkonzugang sowie Geschosswechsel dar.

Hauseingang

Beim Hauseingang ist das Problem meist eine Vortreppe oder Vorstufe zu einem Podest, die eine Hürde bildet. Manchmal ist auch die Haustür selbst zu schmal und ihr Öffnungsradius ungünstig. Nicht immer kann man hier mit einer Rampe arbeiten, da manchmal nicht genügend Platz ist, denn eine Rampe sollte nicht mehr als 6 Prozent Steigung aufweisen. Das ist sehr wenig und bedeutet folglich sehr lange Rampen. Man kann in einem solchen Fall auch über eine Außenhebebühne nachdenken, die allerdings teuer und wartungsintensiv ist. Eine andere Alternative kann die Verlegung der Haustür oder die Schaffung eines alternativen, zweiten Zugangs, zum Beispiel über die Terrasse sein.

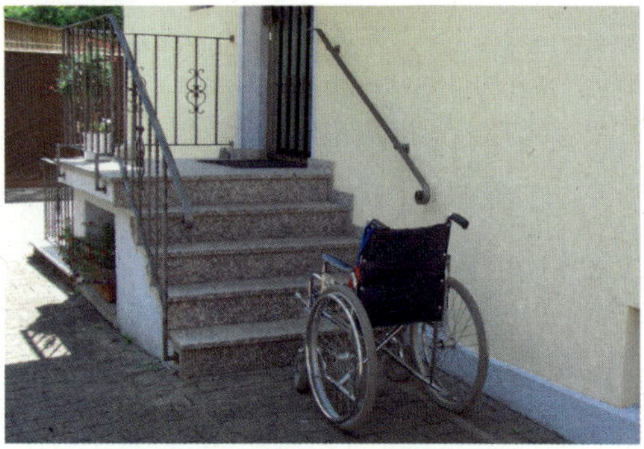

Oft die erste Barriere: die Hauseingangstreppe

Innentüren

Innentüren sind häufig zu schmal für eine barrierereduzierte Nutzung. Ältere Türen haben manchmal auch noch **Türschwellen**. Und die Türen selbst haben oft einen ungünstigen **Öffnungsradius**, sodass das Türblatt von einer zeitweise oder ständig auf den Rollstuhl angewiesenen Person nicht ohne Weiteres allein geschwenkt werden kann, weil der Rangierplatz für den Rollstuhl fehlt. In solchen Fällen sollten Innentüren verbreitert, Türschwellen möglichst komplett entfernt werden bzw. eingeebnet und das Türblatt gegebenenfalls anders am Türrahmen angeschlagen werden (also etwa in anderer Aufschlagrichtung). Es kann auch sein, dass Falt- oder Schiebesysteme zum Einsatz kommen müssen, je nach Platzverhältnissen. Möglicherweise muss eine Innentür auch ganz verlegt werden.

Ein Problem im Zusammenhang mit Innentüren ist oft die **Breite des Innenflurs**, von dem häufig rechtwinkling in die angrenzenden Räume abgebogen werden muss. Für einen Rollstuhl muss entweder der Innenflur breit genug für den 90-Grad-Schwenk sein oder die Innentür zum Zimmer entsprechend breit. Den Flur verbreitern zu wollen ist meist illusorisch und viel zu aufwendig. Nicht selten sind Flurwände auch tragende Wände, deren vollständige Versetzung statische Probleme verursachen kann. Es ist meist einfacher, die Innentüren zu verbreitern. Manchmal sind Flure aber sogar so schmal, dass ein Rollstuhl dort überhaupt nicht bewegt werden kann. Dann hilft alles nichts und man muss massiv in die Bausubstanz eingreifen und nötigenfalls den Flur verbreitern.

Küche

Auch bei der Küche stellt sich die Frage, ob eine ausreichende Grundfläche zur Verfügung steht, um dem vollen **Schwenkkreis** eines Rollstuhls zu entsprechen. Das sind etwa 1,50 Meter x 1, 50 Meter. Hinzu kommt, dass die Küchenmöbel unterfahrbar und hohe Schränke, wie Hängeschränke, stark absenkbar sein müssen.

WC

Auch bei WCs ist Raum für den gesamten **Schwenkkreis** eines Rollstuhls wichtig. Da der Rollstuhl verlassen werden muss, um auf das WC zu kommen, muss der Rollstuhl parallel neben das WC zu fahren sein. Das Waschbecken muss unterfahrbar und der Spiegel nach unten schwenkbar sein. Die WC-Tür sollte nach außen aufschwenken, damit man den Raum problemlos erreicht, auch falls der Türbereich von innen blockiert sein sollte.

Bad

Falls ein WC im Bad vorhanden ist, muss es ebenfalls parallel mit dem Rollstuhl anfahrbar sein, um einen problemlosen **Umstieg** zu ermöglichen. Die Dusche sollte barrierefrei sein, das heißt, die Duschtasse sollte nach Möglichkeit mit dem Rollstuhl befahrbar sein. Das ist nicht immer möglich. Eine Alternative kann darin bestehen, dass man eine stark **barrierereduzierte Duschtasse** einrichtet, die parallel angefahren werden kann, sodass der Umstieg vom Rollstuhl auf einen Wandsitz in der Dusche möglich ist. Eine Wanne, soweit vorhanden oder gewünscht, benötigt meist einen Schwenksitz. Die Waschbecken müssen unterfahrbar sein und die Spiegel nach unten schwenkbar. Und auch beim Bad sollte die Tür sinnvollerweise nach außen öffnen, um den

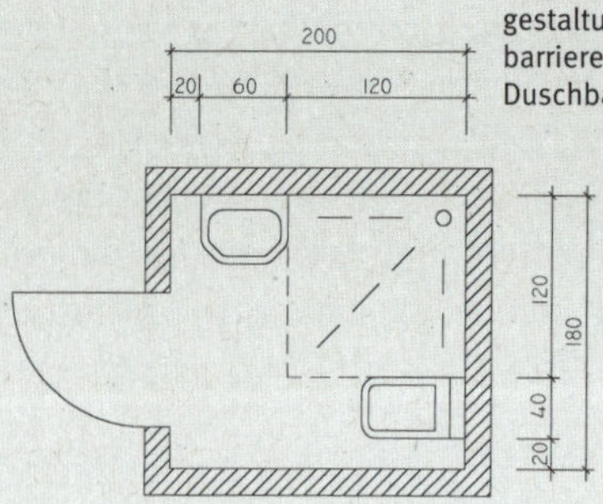

Mögliche Grundrissgestaltung eines barrierefreien Duschbads

Raum immer betreten zu können, auch wenn der Türbereich selbst von innen blockiert sein sollte.

Terrassen- und Balkonzugang

Terrassen und Balkone, auch bei Häusern neueren Baujahrs, haben häufig eher schmale Türen und relativ hohe **Schwellen**. Letztere sollen vor **Außenwassereintritt** schützen, beeinträchtigen aber natürlich sehr stark die Barrierefreiheit. 15 Zentimeter hohe Schwellen sind keine Seltenheit. Mit Türumbauten ist es in der Regel schwierig. Denn die Terrassen- oder Balkontür muss natürlich vor allem dann, wenn sie bodeneben ist, am Fußpunkt besonders dicht sein. Denn es kann immer mal wieder vorkommen, dass an diesem Punkt Wasser steht. Es gibt mittlerweile aber Türsysteme, die sowohl Barrierefreiheit bieten als auch Dichtigkeit. In den meisten Fällen ist es im Zuge eines Umbaus am sinnvollsten und häufig auch am günstigsten, das ganze Türelement auszuwechseln. Bevor das allerdings geschieht, muss detailliert der **Bodenanschluss** innen und außen geklärt sein. Das heißt, es muss klar sein, welche Unterbodenkonstruktion vorhanden ist, ob sie abgetragen und neu aufgebaut wird, und wenn ja, in welcher Form, und wie die endgültige Bodenhöhe innen und außen dann ist. Nur dann hat der Fensterbauer die Möglichkeit, das Fensterelement am Fußpunkt auch wirklich ideal einzupassen.

Geschosswechsel

Barrierefreie Geschosswechselmöglichkeiten sind im Einfamilienhausbau eine besondere Herausforderung. Über Rampen ist das praktisch nicht lösbar. Es bleiben im Wesentlichen zwei Varianten: der **Treppenlift** und der **Kleinaufzug**. Beim klassischen Treppenlift besteht das Problem darin, dass ein Umstieg vom Rollstuhl am Fußpunkt der Treppe und dann wieder am Endpunkt der Treppen notwendig ist. Faktisch benötigt man dann zwei Rollstühle, einen im Erdgeschoss und einen im Obergeschoss. Es gibt mittlerweile auch Treppenlifte, die nicht als Liftsessel konzipiert sind, sondern als **Liftplattform**, auf die man mit dem Rollstuhl sozusagen auffahren kann. Eine solche Plattform benötigt aber mehr Platz und einen stabileren Unterbau, ist also nicht ohne Weiteres an jeder Treppe zu montieren. Die zweite Variante sind Kleinaufzüge. Häufig sind sie als offene Hebeplattformen konstruiert. Man kann auf sie auffahren und dann wie mit einem Aufzug in das nächste Geschoss gelangen. Wenn der Höhentransport nur über ein Geschoss läuft, ist das noch relativ einfach machbar, bei zwei Geschossen – wenn also zum Beispiel der Keller noch angebunden werden soll oder ein Dachgeschoss – wird es schon aufwendiger. Denn dann können bis zu vier Anfahrstationen entstehen, was die Gesamtkonstruktion natürlich umfangreicher und teurer macht. Trotzdem gilt: Wenn man das umsetzen will, dann im Zuge eines Hausumbaus. Denn das ist genau der richtige Zeitpunkt für solche aufwendigen Arbeiten. Dann können auch Grundrissveränderungen und Deckendurchbrüche für eine hausinterne Hebeplattform erfolgen. Das sind die mit Abstand wichtigsten und sinnvollsten Investitionen.

Tipp: Wenn man ein gebrauchtes Haus kaufen will, um es danach barrierefrei umzubauen, sollte man am besten bereits vor dem Kauf einen Fachmann mit einer ersten Einschätzung zum Umbauaufwand beauftragen.

Finanzierungen und Förderungen

Es gibt zur Herstellung von Barrierefreiheit auch ein spezielles **Förder- und Kreditprogramm** der Kreditanstalt für Wiederaufbau (www.kfw.de). Die KfW lehnt sich bei ihrem Programm zur Barrierereduktion in Bestandsgebäuden allerdings weitgehend an die DIN-Norm zur Barrierefreiheit in Neubauten an. Sie untergliedert diese nur in einzelne **Finanzierungsbausteine.** Das geht bis hin zu einzelnen Detailmaßen. Was in einer Norm für öffentlich zugängliche Neubauten sinnvoll ist und gefordert werden kann, weil es ja von vornherein bei Planungen berücksichtigt werden muss, ist im privaten Gebäudebestand wenig hilfreich. Die Inanspruchnahme des KfW-Programms kann sehr schnell zum Kostentreiber werden. Denn wenn die Förderung einer barrierefreien Dusche an absoluter Planebenheit von Badboden und Duschtasse hängt, ohne einen Millimeter Toleranz, kann das zu sehr aufwendigen Umbaumaßnahmen führen. Den Bestandsestrich können Sie dann nur in den seltensten Fällen lassen, wie er ist. Auch er muss dann in die Umbaumaßnahmen eingeplant werden. Ähnliches gilt für Terrassen- und Balkonzugänge mit allen Konsequenzen, die das nach sich zieht.

Es geht bei der Barrierereduktion im Bestand nicht um die berechtigte Null-Toleranz-Barrierefreiheit öffentlich zugänglicher Neubauten, sondern es geht um Augenmaß bei der Herstellung **sinnvoller Barrierereduktion,** ohne dass Aufwand und Kosten explodieren. Da die sehr hohen Anforderungen der KfW beim Bauen im Bestand nur sehr bedingt zu erfüllen sind, ist es sinnvoller, auf andere Förder- und Kreditprogramme der KfW für Modernisierungsmaßnahmen auszuweichen, die nicht an Voraussetzungen bezüglich der Barrierefreiheit geknüpft sind.

Achtung! Wenn Sie die Forderungen der KfW nicht einhalten, kann diese die Förderung und den gewährten Kredit gegebenenfalls rückgängig machen bzw. zurückverlangen.

Hinweise zum Denkmalschutz

Ob ein Gebäude unter Denkmalschutz steht oder nicht, sollte immer vor einem Hauskauf abgeklärt werden. Die Vorbesitzer wissen das in aller Regel. Ansonsten kann man die lokalen Denkmalschutzbehörden auf Kommunal- oder Kreisebene einschalten und dort nachfragen.

Wenn ein Gebäude unter Denkmalschutz steht, müssen fast immer **behördliche Vorgaben** beachtet werden. Welche Vorgaben das im Einzelnen sind, hängt sehr stark von der örtlichen Einschätzung durch die Mitarbeiterinnen und Mitarbeiter der Denkmalschutzbehörden ab. Daher ist es sinnvoll und wichtig, diese früh einzuschalten und mit ihnen mögliche Umbauüberlegungen abzustimmen.

Man kann auch überlegen, von vornherein einen Architekten zu suchen, der bereits Erfahrung mit dem Umbau von Denkmalschutzobjekten hat (siehe hierzu Architektenbrief, Seite 10). Wenn er bislang gut mit den Denkmalschutzbehörden zusammengearbeitet hat, stehen die Chancen gut, dass das auch bei Ihrem Objekt gelingt. Man kann auch bei der zuständigen Denkmalschutzbehörde nachfragen, ob sie mit bestimmten Architekten gute Erfahrungen gemacht hat.

Auflagen der Denkmalschutzbehörden haben erhebliche Auswirkungen darauf, was in welcher Form überhaupt umgebaut werden kann. Handwerkerausschreibungen vorzunehmen, ohne dass solche Dinge zuvor detailliert abgeklärt sind, ist wenig sinnvoll. Hinzu kommt, dass es sein kann, dass Sie ganz **besondere Handwerker** suchen müssen, die die Befähigung zu bestimmten Spezialarbeiten haben.

Die Sanierung von Denkmalschutzobjekten ist aber nicht nur mit Nachteilen behaftet, Ihnen werden auch Vorteile in Form bestimmter **Fördermaßnahmen** zuteil. Lassen Sie sich dazu von Ihrem Architekten oder auch der Denkmalschutzbehörde ausführlich beraten.

Man sollte Denkmalschutzbehörden nicht als lästigen Gegner eines geplanten Umbaus begreifen, sondern als Partner. Immerhin helfen Denkmalschutzbehörden, einen Teil unserer Baukultur zu bewahren, die an vielen Stellen Tag für Tag zerstört wird, weil andere Gremien oder Behörden nicht entschieden genug oder sogar ganz interessenlos aufgetreten sind.

Hinweise zum Bestandsschutz

Bestandsschutz betrifft zum einen Ihr eigenes Gebäude und dessen Bauteile, die vor Beschädigungen beim Umbau geschützt werden sollen, und zum anderen umgebende Gebäude, aber auch Tiefbauteile (also Bauteile unter dem Erdreich, die nicht zum Gebäude gehören) oder Flora, die durch die Maßnahmen nicht beeinträchtigt werden darf.

Hinsichtlich Ihres eigenen Gebäudes ist wichtig, dass alle Bereiche, die vom Umbau berührt werden, gut geschützt sind. Es ist darauf zu achten, wo zum Beispiel das Gerüst steht und wie es befestigt werden soll. Ferner ist zu berücksichtigen, welche Räumlichkeiten Handwerker betreten müssen und in welche sie nicht hinein sollten. Es sind gegebenenfalls **Staubschutzwände** zu stellen, ohne angrenzende Bereiche zu beschädigen. Boden- und Wandschutzmaßnahmen müssen getroffen werden. Beim Herausnehmen von Fenstern sind gegebenenfalls Staubzellen innen vor die Fenster zu setzen. **Schutt** kann in geschlossenen Schuttrutschen entsorgt werden oder aber über entsprechende Außenaufzüge. Ein einfacher Schuttabwurf direkt aus dem Fenster in den am Boden stehenden Container ist nicht immer möglich. Außerdem staubt es extrem und kann auch die Nachbarschaft erheblich belästigen.

Wenn Maßnahmen zum Bestandsschutz umliegender Gebäude notwendig sind, ist bei diesen eine Bestandsaufnahme durchzuführen, um beispielsweise bereits **bestehende Schäden** fotografisch und schriftlich festzuhalten, damit später keine Diskussionen aufkommen, welcher Schaden woher rührt.

Wichtig ist bei eventuellen **Aushubarbeiten,** zum Beispiel aufgrund einer geplanten Sockeldämmung des Kellersockels, vorab zu prüfen, ob im Arbeitsbereich Tiefbauleitungen, wie Kanalrohre, Gasanschlüsse oder Telekommunikationskabel, liegen.

Sehr wichtig ist schließlich auch ein guter Baumschutz. Selbst ein robuster Baum kann unter der ständigen Nutzung als Gerüst- oder Materialstütze oder aber als »zweites Bau-WC« so großen Schaden nehmen, dass er Ihre Umbaumaßnahme nicht überlebt.

Für all diese Maßnahmen sollte Ihr Architekt oder Baubetreuer bereits in der Ausschreibung konkrete Positionen aufnehmen, damit später keine Diskussionen darüber entstehen, welche Punkte der Posten „ausreichende Schutzmaßnahmen" enthalten muss.

Abnahme, Abrechnung, Gewährleistung

Nach Abschluss der Handwerkerarbeiten folgt die Abnahme dieser Arbeiten und die Schlussrechnungen können gestellt werden. Auch hierbei ist einiges zu beachten, nicht zuletzt um Gewährleistungsrechte zu sichern, wie Sie dem nachfolgenden Kapitel entnehmen können.

Die Abnahme

Wenn ein Handwerker seine Arbeiten fertiggestellt hat, besteht für ihn grundsätzlich ein Anspruch auf Abnahme seiner Leistung. Die erfolgte Abnahme berechtigt ihn dazu, die Schlussrechnung zu stellen. Abnahmen können theoretisch auf unterschiedliche Weise erfolgen. Zu empfehlen ist immer die sogenannte **förmliche Abnahme** mit einer gemeinsamen Begutachtung der erbrachten Leistungen vor Ort und einem gemeinsamen Abnahmeprotokoll. Diese förmliche Abnahme sollte bereits schriftlich in der Ausschreibung fixiert werden und auch im Bauvertrag verbindlich vereinbart sein.

Mängel, die bei einem Abnahmetermin erkannt werden, müssen schriftlich im Abnahmeprotokoll festgehalten und vorbehalten werden, sonst verlieren Sie den Anspruch auf Beseitigung. Bei einer Abnahme sollten aber nicht nur Sie und Ihr Handwerker zugegen sein, sondern unbedingt auch Ihr Architekt oder Bauleiter, auch wenn das im Sinne der Abnahme rechtlich keine Rolle spielt, da die Handwerkerverträge zwischen Ihnen und den Handwerksbetrieben vereinbart wurden. Trotzdem ist die Anwesenheit des Fachmanns bei der Prüfung der Vollständigkeit und Mängelfreiheit der Leistung unverzichtbar, und Sie sollten darauf bestehen.

Zu empfehlen ist immer, einige Tage vor einer Abnahme gemeinsam mit Ihrem Architekten in Ruhe alles zu begutachten und sich bei diesem Termin bereits Notizen zu machen, die man dann in das Abnahmeprotokoll mit einfließen lassen kann. Eine erfolgte Abnahme hat grundsätzlich folgende Auswirkungen:

Anspruch des Unternehmers auf Bezahlung seiner Leistung,

- Beginn der Gewährleistungzeit,
- Mängelbeseitigung bestehender Mängel nur bei Vorbehalt,
- vereinbarte Vertragstrafe nur bei Vorbehalt,
- Umkehr der Beweislast (die Beweislast für Baumängel liegt ab jetzt bei Ihnen),
- Gefahrenübergang auf den Auftraggeber.

Die Regelungen zur Abnahme werden im Werkvertragsrecht des BGB durch § 640 geregelt (siehe Kasten).

§ 640 Abnahme

„(1) Der Besteller ist verpflichtet, das vertragsmäßig hergestellte Werk abzunehmen, sofern nicht nach der Beschaffenheit des Werks die Abnahme ausgeschlossen ist. Wegen unwesentlicher Mängel kann die Abnahme nicht verweigert werden. Der Abnahme steht es gleich, wenn der Besteller das Werk nicht innerhalb einer ihm vom Unternehmer bestimmten angemessenen Frist abnimmt, obwohl er dazu verpflichtet ist.

(2) Nimmt der Besteller ein mangelhaftes Werk gemäß Absatz 1 Satz 1 ab, obschon er den Mangel kennt, so stehen ihm die in § 634 Nr. 1 bis 3 bezeichneten Rechte nur zu, wenn er sich seine Rechte wegen des Mangels bei der Abnahme vorbehält.“

Das heißt für Sie, dass eine handwerkliche Arbeit üblicherweise abgenommen werden muss. Unwesentliche Mängel stehen einer Abnahme nicht entgegen und wenn Sie eine Abnahme nicht durchführen, kann es Ihnen passieren, dass der Handwerker Ihnen eine Frist zur Abnahme setzt. Lassen Sie diese verstreichen, kann dies einer Abnahme gleichkommen. Aus diesen Gründen ist es im Zweifel besser, dass Sie eine Abnahme durchführen, sich aber alle Mängel vorbehalten. Wollen Sie später Mängel, Geldeinbehalte oder Vertragsstrafen geltend machen, müssen diese im Abnahmeprotokoll – auch in ihrer Höhe – benannt sein, weil Ihnen sonst Ansprüche verloren gehen können.

Mit der erfolgten Abnahme beginnt die Gewährleistung zu laufen und die Beweislast kehrt sich um. Das heißt, ab diesem Zeitpunkt und für die Dauer der Gewährleistung müssen Sie dem Handwerker nachweisen, dass ein Mangel vorliegt, während vor der Abnahme der Handwerker Ihnen nachweisen musste, dass kein Mangel vorliegt.

Ein Abnahmeprotokoll könnte beispielsweise so aufgebaut sein, wie auf der folgenden Seite dargestellt:

Abnahmeprotokoll	Datum	Uhrzeit von bis
Bauvorhaben:		**Auftrag vom:**

Gewerk ....

Auftraggeber ....

Auftragnehmer ....

Anwesende ....

Ggf. Bevollmächtigte mit schriftl. Vollmacht ....

Leistungsbeginn des Handwerkers ....

Leistungsbeendigung des Handwerkers ....

Beim heutigen Abnahmetermin (Datum siehe oben) wurden folgende Mängel an der Leistung festgestellt:

....

....

....

....

....

☐ Die Abnahme der Leistung wird wegen der genannten Mängel verweigert.

☐ Die Leistungen werden unter Vorbehalt der oben aufgeführten Mängel abgenommen.

☐ Der Auftraggeber behält folgenden Geldbetrag bis zur Beseitigung der Mängel ein .... (Euro)

☐ Die festgestellten Mängel sind umgehend zu beseitigen, spätestens bis zum .... (Datum). Geschieht dies nicht, ist der Auftraggeber berechtigt, mit der Beseitigung der Mängel ein anderes Unternehmen auf Kosten des Auftragnehmers zu beauftragen. Alle Mängel- und Schadenersatzansprüche des Auftraggebers bleiben unberührt.

☐ Der Auftraggeber behält sich vor, die vereinbarte Vertragsstrafe in Höhe von .... (Euro) geltend zu machen.

Die Frist für die Gewährleistung der erbrachten Leistungen beginnt am .... (Datum) und endet am .... (Datum wird nur eingesetzt, wenn die Abnahme auch erfolgt).

Ort, Datum ....

Unterschrift Auftraggeber ....

Unterschrift Auftragnehmer ....

Die Abrechnungen

Nachdem die Abnahmen durchgeführt sind, erfolgen die Schlussrechnungsprüfung des Handwerkers und die Prüfung der Honorarschlussrechnung des Architekten bzw. Baubetreuers.

Handwerkerabrechnung

Handwerkerschlussrechnungen und Honorarschlussrechnungen ist gemein, dass die abgenommene, mängelfrei erbrachte **Leistung** sowie die **Prüffähigkeit** der Rechnung Voraussetzungen für ihre Fälligkeit sind. Die Handwerkerleistung ist dann abgenommen und mängelfrei erbracht, wenn eine Abnahme der erbrachten Leistung stattgefunden hat und bei dieser Abnahme keine wesentlichen Mängel festgestellt und vorbehalten wurden. Prüffähig ist eine Schlussrechnung dann, wenn sie in Inhalt, Aufbau und Berechnungsansätzen übersichtlich und klar nachvollziehbar die abgerechneten Leistungen und die dazugehörigen Grundlagen darlegt. Sie muss ferner besondere und zusätzliche Leistungen gesondert darlegen.

Bei der Rechnungsprüfung geht man üblicherweise in folgenden Prüfschritten bzw. nach folgenden Fragestellungen vor:

Checkliste: Rechnungsprüfung

- ☐ Ist die Rechnung überhaupt fällig?
- ☐ Ist die Rechnung formal korrekt (Briefpapier des Handwerkers, Anschrift des Unternehmers etc.)?
- ☐ Stimmt die Rechnung inhaltlich (sind die aufgeführten Leistungen auch wirklich erbracht worden und auch in dem Umfang erbracht worden)?
- ☐ Stimmen die Überträge (bei mehrseitigen Rechnungen von einem Rechnungsblatt auf das nächste)?
- ☐ Sind schon geleistete Abschlagsrechnungen berücksichtigt (also von der Rechnungssumme auch abgezogen)?
- ☐ Ist ein gegebenenfalls vereinbarter Sicherheitseinbehalt berücksichtigt (dieser kann für die Dauer der Gewährleistung beim Auftraggeber verbleiben, üblicherweise nicht mehr als 5 Prozent der Auftragssumme)?
- ☐ Sind Einbehalte aufgrund von Mängeln berücksichtigt, die im Abnahmeprotokoll vorbehalten wurden?
- ☐ Ist eine Vertragsstrafe (zum Beispiel Konventionalstrafe) fällig, die geltend gemacht werden soll und im Abnahmeprotokoll vorbehalten wurde?
- ☐ Stimmt die Mehrwertsteuerberechnung?
- ☐ Wird Skonto gewährt (also ein Preisnachlass bei zügiger Zahlung)?
- ☐ Liegt eine Freistellungsbescheinigung des zuständigen Finanzamtes des Handwerkers vor? (Diese Regelung kann Sie treffen, wenn Sie nicht als Verbraucher, sondern gewerblich einen Handwerker beauftragen. Das kann bereits der Fall sein, wenn Sie ein Haus vermieten und modernisieren lassen. Dann müssten gegebenenfalls 15 Prozent der Bruttoauftragssumme direkt an das für den Handwerker zuständige Finanzamt abgeführt werden, falls er keine Freistellungsbescheinigung vorlegen kann.)

Die Handwerkerschlussrechnung sollte zunächst durch Ihren Architekten geprüft werden. Dazu sollte er sich eine Kopie ziehen und in dieser Kopie Position für Position durchgehen und nötigenfalls mit Anmerkungen versehen, damit Sie seine Prüfung nachvollziehen können. Im Wesentlichen sollte er dabei nach der nebenstehenden Checkliste vorgehen. Soweit es **strittige Sachverhalte** bei der Abrechnung gibt, kann man diese auflisten und sie dem Handwerker darlegen. Angewiesen wird dann immer nur der Teilbetrag der Rechnung, der unstrittig ist. Bei sorgfältigem Vorgehen wurden dem Handwerker bereits im Abnahmeprotokoll die Geldeinbehalte benannt. Wenn ein **Aufmaß** notwendig ist, zum Beispiel weil ein Einheitspreisvertrag abgeschlossen wurde, sollte der Schlussrechnung ein prüffähiges Aufmaß beiliegen, das auch überprüft werden kann. Sinnvoll ist es, das Aufmaß des Handwerkers vor der Abnahme einzufordern, damit man es gegebenenfalls auch noch vor der Abnahme durch den Architekten überprüfen lassen kann.

Honorarabrechnung Architekt

Während bei einer Handwerkerrechnung vornehmlich das ursprünglich abgegebene Angebot herangezogen wird und dann entweder nach Pauschalpreisvertrag oder aber nach dem Einheitspreisvertrag abgerechnet wird, wird bei der Architektenhonorierung die auf Seite 11 ff. **erläuterte Honorarordnung für Architekten und Ingenieure** (HOAI) herangezogen, bei der die Kostenberechnung eine wesentliche Rolle spielt.

Während eine Handwerkerrechnung durch die vorliegenden Angebotspreise und die tatsächlich erbrachten Leistungen vor Ort durch Ihren Architekten gut geprüft werden kann, ist die Prüfung der Honorarschlussrechnung eines Architekten für einen Laien nicht ganz einfach, zumal viele Architekten keine prüffähigen Honorarschlussrechnungen stellen.

Die Voraussetzung für die Fälligkeit einer Honorarschlussrechnung des Architekten, Bauleiters oder Fachingenieurs ist die vertragsgemäß erbrachte, **abgeschlossene Leistung und die Prüfbarkeit** der Rechnung. Hat der Architekt bzw. Bauleiter mit Ihnen beispielsweise die Leistungsphase 9 der HOAI »Objektbetreuung und Dokumentation« vertraglich vereinbart, endet seine vertragsgemäße Leistung erst mit dem Ablauf der letzten Gewährleistungsfrist der Unternehmer. Eine Honorarschlussrechnung könnte in diesem Fall erst ca. fünf Jahre (BGB) nach Fertigstellung eines Umbaus erfolgen. Viele Architekten und Bauleiter vereinbaren diese Leistungsphase daher gesondert von den anderen Leistungen.

Die Honorarschlussrechnung eines Architekten oder Bauleiters ist dann prüffähig, wenn sie vom Auftraggeber nachvollziehbar auf Korrektheit geprüft werden kann, und zwar sowohl sachlich als auch rechnerisch. Folgende Punkte sollte eine Honorarschlussrechnung mindestens beinhalten:

- Objektbezeichnung und Vertragsgrundlage,
- Aufschlüsselung der anrechenbaren Kosten nach der Kostenberechnung,
- Honorarzone und Honorarsatz,
- Aufführen der erbrachten Grundleistungen,
- Aufführen eventueller besonderer Leistungen,
- Honorarberechnung nach Tabelle § 35 inklusive des nachvollziehbaren Rechenwegs der Interpolation,

- Zusatzhonorar eventueller besonderer oder zusätzlicher Leistungen (vor allem für Leistungen bei Umbauten und Modernisierungen nach § 36 HOAI – hier gilt gemäß § 6 Absatz 2 grundsätzlich ein Zuschlag von 20 Prozent, wenn nichts anderes vereinbart ist),
- Ermittlung Erfolgshonorar, falls vereinbart (gemäß § 7 Absatz 6 der HOAI ist das vor allem für Erfolge bei der Baukostenunterschreitung vorgesehen und kann bis zu 20 Prozent des Honorars betragen; genauso kann aber auch ein Malus-Honorar mit einer Abzugsfähigkeit von bis zu 5 Prozent des Honorars vereinbart werden, falls die vereinbarten Ziele verfehlt werden),
- Nebenkostenermittlung,
- Abzug von Abschlagszahlungen,
- Mehrwertsteuer.

Nach der HOAI werden die anrechenbaren Kosten, also jene Kosten, auf die das Honorar prozentual ermittelt wird, auf Basis der Kostenberechnung ermittelt, die der Architekt zum Zeitpunkt der Planung erstellen muss. Auch wenn Sie die Kostenberechnung schon erhalten haben, muss diese der Honorarordnung des Architekten oder Bauleiters nochmals beigefügt sein.

Wichtig! Wenn Sie die Honorarschlussrechnung nicht für prüffähig erachten, müssen Sie dies dem Architekten binnen zwei Monaten mitteilen und ihm die Gründe dafür angeben. Sonst kann es sein, dass er Anspruch auf Zahlung hat. Das war früher anders. Es oblag allein dem Architekten, für die Prüffähigkeit der Rechnung zu sorgen. Der Bundesgerichtshof hat aber zwischenzeitlich für eine neue Rechtsprechung gesorgt. Auch dem Bauherrn wurden nun Pflichten auferlegt.

Die Gewährleistung

Handwerker, Bauleiter oder Architekt stehen Ihnen während der Gewährleistungszeit der an Ihrem Gebäude vorgenommenen Arbeiten für kostenfreie Mängelbeseitigungen der erbrachten Leistungen zur Verfügung. Bauleiter und Architekt allerdings üblicherweise nur dann, wenn Leistungsphase 9 vereinbart wurde.

Hierbei unterliegt die Gewährleistungsfrist der Handwerker und des Architekten automatisch dem Werkvertragsrecht des BGB. Architekten haften für ihre Fehler in der Regel 5 Jahre, in Einzelfällen aber bis zu 30 Jahre, vor allem dann, wenn es sich um sogenannte arglistig verschwiegene Mängel handelt. Der Architekt schuldet Ihnen gemäß Werkvertragsrecht nicht nur eine Leistung, also zum Beispiel den Umbau eines Hauses, sondern den **Werkerfolg**, also die Planung und Erstellung eines mangelfreien Umbaus. Auch der Handwerker schuldet Ihnen einen Werkerfolg. Seine Gewährleistungsfrist läuft gemäß § 634 a) BGB zwischen 2 und 5 Jahren:

§ 634a Verjährung der Mängelansprüche

„(1) Die in § 634 Nr. 1, 2 und 4 bezeichneten Ansprüche verjähren

1. vorbehaltlich der Nummer 2 in zwei Jahren bei einem Werk, dessen Erfolg in der Herstellung, Wartung oder Veränderung einer Sache oder in der Erbringung von Planungs- oder Überwachungsleistungen hierfür besteht,

2. in fünf Jahren bei einem Bauwerk und einem Werk, dessen Erfolg in der Erbringung von Planungs- oder Überwachungsleistungen hierfür besteht, und

3. im Übrigen in der regelmäßigen Verjährungsfrist.

(2) Die Verjährung beginnt in den Fällen des Absatzes 1 Nr. 1 und 2 mit der Abnahme.

(3) Abweichend von Absatz 1 Nr. 1 und 2 und Absatz 2 verjähren die Ansprüche in der regelmäßigen Verjährungsfrist, wenn der Unternehmer den Mangel arglistig verschwiegen hat. Im Fall des Absatzes 1 Nr. 2 tritt die Verjährung jedoch nicht vor Ablauf der dort bestimmten Frist ein.

(4) Für das in § 634 bezeichnete Rücktrittsrecht gilt § 218. Der Besteller kann trotz einer Unwirksamkeit des Rücktritts nach § 218 Abs. 1 die Zahlung der Vergütung insoweit verweigern, als er auf Grund des Rücktritts dazu berechtigt sein würde. Macht er von diesem Recht Gebrauch, kann der Unternehmer vom Vertrag zurücktreten.

(5) Auf das in § 634 bezeichnete Minderungsrecht finden § 218 und Absatz 4 Satz 2 entsprechende Anwendung."

Zusätzlich zu beachten sind Regelungen aus § 651 BGB:

§ 651 Anwendung des Kaufrechts

„Auf einen Vertrag, der die Lieferung herzustellender oder zu erzeugender beweglicher Sachen zum Gegenstand hat, finden die Vorschriften über den Kauf Anwendung. (...)"

Und dort, im Kaufvertragsrecht des BGB, ist unter § 438 Absatz 1 geregelt:

„Die (...) bezeichneten Ansprüche verjähren

1. (...)

2. in fünf Jahren

a) bei einem Bauwerk und

b) bei einer Sache, die entsprechend ihrer üblichen Verwendungsweise für ein Bauwerk verwendet worden ist und dessen Mangelhaftigkeit verursacht hat, und

3. im Übrigen in zwei Jahren."

Das heißt für Sie also, dass es bei der **Gewährleistungszeit** auch darauf ankommt, welche Leistung erbracht wurde. Wenn beispielsweise ein neuer Heizungsbrenner montiert wurde, hat dieser üblicherweise eine zweijährige Gewährleistungszeit, während ein kompletter Dachausbau, eine Kellersanierung oder auch andere Umbaumaßnahmen eine fünfjährige haben. Ein Rollladen etwa hat als bewegliche Sache ein anderes Verschleißpotenzial als Mauerwerk. Das BGB differenziert daher beim Gewährleistungsrecht nach § 438 (Kaufrecht) und § 651 (Werkvertragsrecht) zwischen Mängelhaftung für ein Bauwerk und den darin fest verbauten Elementen sowie „beweglichen Sachen".

Stichtag des Gewährleistungsbeginns ist stets das Datum der Abnahme. Schon deswegen sind **schriftliche Protokolle** angeraten.

Tritt nun ein Mangel an den erbrachten Leistungen eines Umbaus auf, ist ein strukturiertes Vorgehen sehr wichtig. Zunächst ist zu kontrollieren, ob die Gewährleistungszeit überhaupt noch läuft. Ist dies der Fall, sollten Sie umgehend den Bauleiter bzw. Architekten einschalten. Als Verbraucher noch VOB/B-Verträge nutzen konnten, unterbrach bei einem Werkvertrag nach VOB bereits das Mangelschreiben an den Handwerker die Gewährleistungszeit. Dies ist heute bei der ausschließlichen Anwendung des BGB nicht mehr so, sondern erheblich aufwendiger. Bei einem BGB-Werkvertrag wird die Gewährleistungszeit nur durch Anerkenntnis des Handwerkers, Klageerhebung Ihrerseits oder Einleitung eines gerichtlichen Beweisverfahrens unterbrochen.

Stehen Sie kurz vor dem Ablauf einer zwei- oder fünfjährigen Gewährleistungszeit nach BGB und entdecken einen Mangel, kann daher nicht nur Eile geboten sein, um Ihre Ansprüche zu sichern, sondern vor allem auch die Einschaltung eines auf Baurecht spezialisierten und prozesserfahrenen **Anwalts**.

Die Ansprüche im Fall eines Mangels sind im BGB weit gefasst. Welchen Anspruch Sie wählen wollen, kommt auf den Umfang des Mangels an. Üblicherweise versucht man es zunächst einmal mit einer Nachbesserung, denn gerade bei Umbauten ist es natürlich schwierig, von Verträgen zurückzutreten. Die mangelhafte Leistung ist ja in der Regel fest verbaut und eine Vertragswandlung nur schwer möglich.

Im BGB sind die Rechte bei Mängeln im § 634 und die Nacherfüllung mit § 635 geregelt:

§ 634 Rechte des Bestellers bei Mängeln

„Ist das Werk mangelhaft, kann der Besteller, wenn die Voraussetzungen der folgenden Vorschriften vorliegen und soweit nicht ein anderes bestimmt ist,

1. nach § 635 Nacherfüllung verlangen,
2. nach § 637 den Mangel selbst beseitigen und Ersatz der erforderlichen Aufwendungen verlangen,
3. nach den §§ 636, 323 und 326 Abs. 5 von dem Vertrag zurücktreten oder nach § 638 die Vergütung mindern und
4. nach den §§ 636, 280, 281, 283 und 311a Schadensersatz oder nach § 284 Ersatz vergeblicher Aufwendungen verlangen.“

Üblicherweise wird man zunächst versuchen, eine Nacherfüllung gemäß § 635 des BGB zu erreichen. Dieser legt Folgendes fest:

§ 635 Nacherfüllung

„(1) Verlangt der Besteller Nacherfüllung, so kann der Unternehmer nach seiner Wahl den Mangel beseitigen oder ein neues Werk herstellen.

(2) Der Unternehmer hat die zum Zwecke der Nacherfüllung erforderlichen Aufwendungen, insbesondere Transport-, Wege-, Arbeits- und Materialkosten zu tragen.

(3) Der Unternehmer kann die Nacherfüllung unbeschadet des § 275 Abs. 2 und 3 verweigern, wenn sie nur mit unverhältnismäßigen Kosten möglich ist.

(4) Stellt der Unternehmer ein neues Werk her, so kann er vom Besteller Rückgewähr des mangelhaften Werks nach Maßgabe der §§ 346 bis 348 verlangen.“

Die mit Abstand meisten Mängel sind mit vertretbarem Aufwand nachzubessern. Handwerkern, die vorschnell argumentieren, dies sei nicht möglich, muss man nötigenfalls zunächst durch fachliche Entgegnung eines anderen Handwerkers begegnen, bevor man dann – je nach Sachlage – auch gemeinsam mit einem Anwalt weitere Schritte geht. Bevor allerdings mit rechtlichen Schritten, Gutachten etc. gearbeitet wird, kann bereits die eingeholte Zweitmeinung eines anderen Handwerkers Dinge in Bewegung bringen. Weitergehende, aufwendige Schritte sind dann natürlich auch immer eine Abwägungsfrage zwischen eingetretenem Schaden und finanziellem und zeitlichem Aufwand, um diesen gerichtlich entgegenzutreten.

Ein sehr wirksames Mittel ist in diesen Situationen aber immer der **Gewährleistungseinbehalt**. Denn das ist sozusagen das finanzielle Faustpfand, das Sie nun gegen den Handwerker in der Hand haben und nötigenfalls auch zur Mängelbeseitigung einsetzen können.

Hinweis: Zu schnelle Mängelbeseitigung kann nachteilig sein. Denn wenn Sie einen Mangel gerichtlich nachweisen wollen, dann muss dieser natürlich auch unabhängig untersucht werden können. Bevor Sie ihn also beseitigen, muss zuvor gegebenenfalls ein selbstständiges Beweisverfahren (früher Beweissicherungsverfahren) eingeleitet werden.

Ein Wort zum Schluss

„Expect the unexpected“, „Erwarte das Unerwartete“, gilt wie sonst nichts für Ausbauten, Umbauten und Anbauten von Bestandsgebäuden. Das Bauen auf der grünen Wiese kann man gut planen, dafür existieren viele Vorgaben und geübte Verfahrensabläufe. Bei Umbauten ist das anders. Sie werden immer wieder mit Überraschungen und Herausforderungen konfrontiert, leider auch mit teuren.

Je gründlicher ein Umbau mit einem Fachmann vorbereitet und je genauer das Haus und seine Details vorab auf Herz und Nieren untersucht werden, umso eher lassen sich Probleme vermeiden.

Es ist sehr hilfreich, auch von der inneren Einstellung her den Umbau nicht als Belastung zu empfinden, sondern als aktive Lebensraumgestaltung. Das geht bei etlichen gebrauchten Häusern oft viel intensiver als beim Reihenhauskauf vom Bauträger, das zwar neu gebaut wird, bei dem aber Grundrisse und Ausstattung meist weitestgehend festliegen.

Der Schlüssel zum Erfolg, vor allem bei aufwendigen Ausbauten, Umbauten und Anbauten, ist sehr häufig ein Architekt, der über viel Erfahrung mit Umbauten verfügt. Schon Badumbauten ab 15.000 oder 20.000 Euro rechtfertigen eigentlich den Einsatz eines solchen Fachmanns. Man kauft sich damit – neben der fachlichen Beratung – vor allem Erfahrung ein. Nach wie vor verzichten aber viele Hausbesitzer darauf und möchten die Dinge lieber selbst und billiger lösen. Das sollte man sich gut überlegen. Was zunächst billig klingt, kann ganz schnell in einer Kostenexplosion enden. An vielen Stellen dieses Ratgebers konnten Sie Hinweise dazu lesen. Und Sie konnten sehen, wie komplex eine sichere und vollständige Umbauausschreibung ist, sowohl technisch als auch rechtlich. Das mal eben nebenher machen zu wollen, ohne Erfahrung und allein, ist ein großes Risiko.

Wenn man aber einen umbauerfahrenen, interessierten und in der Nähe befindlichen Architekten entdeckt hat, der auch kleine Umbauten mit Freude, Engagement und Gründlichkeit begleitet, kann man selbst komplexe Vorhaben Schritt für Schritt sicher umsetzen und erhält ein einmaliges Haus, das es so kein zweites Mal gibt.

Anhang

Wichtige Adressen

Barrierefreies Wohnen

Barrierefrei Leben e.V. – Verein für Hilfsmittelberatung, Wohnraum-anpassung und barrierefreie Bauberatung
Richardstraße 45, 22081 Hamburg
Telefon 0 40/29 99 56 56
www.barrierefrei-leben.de
Der Verein bietet viele Online-Informationen rund um das Thema barrierefreies Wohnen.

Deutsche Gesellschaft für Gerontotechnik® mbH
Max-Planck-Straße 5, 58638 Iserlohn
Telefon 0 23 71/95 95-0
www.gerontotechnik.de
Bei der Deutschen Gesellschaft für Gerontotechnik® sind kostenfreie Führungen zu Hilfsmitteln und Pflegehilfsmitteln möglich. Anmeldung erforderlich.
Außerdem gibt es einen Online-Katalog der Gesellschaft unter:
www.komfort-und-qualitaet.de

Deutsche Gesellschaft für Muskelkranke e.V.
Im Moos 4, 79112 Freiburg
Telefon 0 76 65/94 47-0
www.dgm.org
Probewohnen in barrierefreien Musterappartements ist möglich.

kom.fort e.V.
Landwehrstraße 44, 28217 Bremen
Telefon 04 21/79 01 10
www.kom-fort.de
Ausstellungs- und Beratungsstelle für barrierefreies Wohnen

Adressen der Verbraucherzentrale

Verbraucherzentrale Baden-Württemberg e. V.
Paulinenstraße 47, 70178 Stuttgart
Telefon 0711/66 91 10, Fax 07 11/66 91-50
www.vz-bawue.de

Verbraucherzentrale Bayern e. V.
Mozartstraße 9, 80336 München
Telefon 0 89/5 39 87-0, Fax 0 89/53 75 53
www.verbraucherzentrale-bayern.de

Verbraucherzentrale Berlin e. V.
Hardenbergplatz 2, 10623 Berlin
Telefon 0 30/2 14 85-0, Fax 0 30/2 11 72 01
www.vz-berlin.de

Verbraucherzentrale Brandenburg e. V.
Templiner Straße 21, 14473 Potsdam
Telefon 03 31/2 98 71-0, Fax 03 31/2 98 71-77
www.vzb.de

Verbraucherzentrale Bremen e. V.
Altenweg 4, 28195 Bremen
Telefon 04 21/1 60 77-7, Fax 04 21/1 60 77 80
www.verbraucherzentrale-bremen.de

Verbraucherzentrale Hamburg e. V.
Kirchenallee 22, 20099 Hamburg
Telefon 0 40/2 48 32-0, Fax 0 40/2 48 32-290
www.vzhh.de

Verbraucherzentrale Hessen e. V.
Große Friedberger Straße 13–17, 60313 Frankfurt/Main
Telefon 0 69/97 20 10-900, Fax 0 69/97 20 10-40
www.verbraucher.de

Verbraucherzentrale Mecklenburg-Vorpommern e. V.
Strandstraße 98, 18055 Rostock
Telefon 03 81/2 08 70 50, Fax 03 81/2 08 70 30
www.nvzmv.de

Verbraucherzentrale Niedersachsen e. V.
Herrenstraße 14, 30159 Hannover
Telefon 05 11/9 11 96-0, Fax 05 11/9 11 96-10
www.verbraucherzentrale-niedersachsen.de

Verbraucherzentrale Nordrhein-Westfalen e. V.
Mintropstraße 27, 40215 Düsseldorf
Telefon 02 11/38 09-0, Fax 02 11/38 09-216
www.vz-nrw.de

Verbraucherzentrale Rheinland-Pfalz e. V.
Seppel-Glückert-Passage 10, 55116 Mainz
Telefon 0 61 31/28 48-0, Fax 0 61 31/28 48-66
www.verbraucherzentrale-rlp.de

Verbraucherzentrale des Saarlandes e. V.
Trierer Straße 22, 66111 Saarbrücken
Telefon 06 81/5 00 89-0, Fax 06 81/5 00 89-22
www.vz-saar.de

Verbraucherzentrale Sachsen e. V.
Katharinenstraße 17, 04109 Leipzig
Telefon 03 41/69 62 90, Fax 03 41/6 89 28 26
www.verbraucherzentrale-sachsen.de

Verbraucherzentrale Sachsen-Anhalt e. V.
Steinbockgasse 1, 06108 Halle
Telefon 03 45/2 98 03-29, Fax 03 45/2 98 03-26
www.vzsa.de

Verbraucherzentrale Schleswig-Holstein e. V.
Andreas-Gayk-Straße 15, 24103 Kiel
Telefon 04 31/5 90 99-0, Fax 04 31/5 90 99-77
www.vzsh.de

Verbraucherzentrale Thüringen e. V.
Eugen-Richter-Straße 45, 99085 Erfurt
Telefon 03 61/5 55 14-0, Fax 03 61/5 55 14-40
www.vzth.de

Verbraucherzentrale Bundesverband e. V.
Markgrafenstraße 66, 10969 Berlin
Telefon 0 30/2 58 00-0, Fax 0 30/2 58 00-518
www.vzbv.de

Stichwortverzeichnis

Impressum

Herausgeber

Verbraucherzentrale Nordrhein-Westfalen e. V.
Mintropstraße 27, 40215 Düsseldorf
Telefon 02 11/38 09 555, Fax 02 11/38 092
ratgeber@vz-nrw.de
www.vz-nrw.de

Mitherausgeber

Verbraucherzentrale Hamburg e. V.
Kirchenallee 22, 20099 Hamburg
Telefon 0 40/2 48 32-0, Fax 0 40/2 48 32-290
www.vzhh.de

Autoren
Dipl.-Ing. Peter Burk
Institut Bauen und Wohnen, Freiburg
www.institut-bauen-und-wohnen.de

Fachliche Betreuung
RA Claus Mundorf, Erkrath
Beate Uhr, Düsseldorf

Koordination
Frank Wolsiffer

Lektorat
Dr. Doris Mendlewitsch, Düsseldorf;
Mitarbeit: Gabriele Richardt
www.mendlewitsch.de

Umschlaggestaltung
Ute Lübbeke, www.LNT-design.de

Gestaltungskonzept
Kommunikationsdesign Petra Soeltzer, Düsseldorf

Layout und Produktion
Kommunikationsdesign Petra Soeltzer, Düsseldorf

Titelfoto
Jürgen Becker, Garden Pictures, Hilden

Fotos (Innenteil)
Institut Bauen und Wohnen, Freiburg

Druck
Phoenix Print GmbH, Würzburg
Gedruckt auf 100 % Recyclingpapier

Redaktionsschluss: Oktober 2015

Noch Fragen?

Die Beratung der Verbraucherzentralen

Die Experten der Verbraucherzentrale beraten Sie individuell, kompetent und unabhängig – unter anderem zu folgenden Themen:

- Energie
- Recht
- Geld und Kredit
- Immobilienfinanzierung
- Versicherungen
- Gesundheit und Pflege
- Medien und Telekommunikation

www. **Alle Informationen über eine persönliche Beratung erhalten Sie unter www.verbraucherzentrale.de oder in Ihrer Beratungsstelle.**

**Die Ratgeber der Verbraucherzentrale:
Unabhängig. Kompetent. Praxisnah.**

Clever umbauen

Komfortabel in die besten Jahre

Immer mehr Menschen werden immer älter – und möchten möglichst lange in den eigenen vier Wänden wohnen bleiben. Das gelingt aber nur, wenn Haus oder Wohnung rechtzeitig barrierefrei umgebaut werden. Für mehr Komfort, weniger Barrieren und weniger Energieverbrauch. Weil die meisten Häuser und Wohnungen jedoch nicht barrierefrei sind, sind gute Informationen gefragt. Denn der clevere Umbau der eigenen Immobilie kann sehr gut gelingen, wenn man Bescheid weiß und die richtigen Entscheidungen trifft.

- Warum überhaupt umbauen?
  Die persönliche Situation
- Bauwissen kompakt für Außen- und Innenbereiche
- Clevere Umbauideen vom Keller bis zum Dachgeschoss
- Rechenbeispiele:
  Was kostet welcher Umbau?
- Rechtliche Voraussetzungen für Umbauten, Experten für den Umbau, Förderprogramme

1. Auflage 2014, 184 Seiten, 19,90 €

Die Ratgeber der Verbraucherzentrale: Unabhängig. Kompetent. Praxisnah.

Die Baufinanzierung

Den Traum von den eigenen vier Wänden zu verwirklichen, ist für viele Menschen ein wichtiges Lebensziel. Niedrige Zinsen und bröckelnde Rentenansprüche rücken die eigene Immobilie – ob Haus oder Wohnung — immer stärker in den Mittelpunkt. Der aktuelle Ratgeber zeigt, wie die größte Investition im Leben finanziell zu schultern ist, und hilft mit Berechnungsbeispielen und Checklisten.

6. Auflage 2015, 192 Seiten, 19,90 €

Kosten- und Vertragsfallen beim Immobilienkauf

Kaum ein Hausbau oder Immobilienkauf, der ohne Kostensteigerungen oder Vertragsprobleme abläuft. Besonders gefährlich sind versteckte Kosten, die Bauherren oder Immobilienkäufer nicht auf Anhieb erkennen. So können ungeplante Zusatzkosten den Finanzierungsrahmen schnell sprengen. Über 120 Checkblätter helfen beim Ausschalten aller wichtigen Kosten- und Vertragsfallen – Pflichtlektüre für Immobilienkäufer.

1. Auflage 2014, 240 Seiten, 19,90 €

Richtig bauen – Ausführung

Der Traum von den eigenen vier Wänden kann für Bauherren zum Albtraum werden: Behörden stellen sich quer, der Bauablauf verzögert sich, Kosten explodieren. Um Probleme zu vermeiden, begleitet der Ratgeber Bauherren von der Einrichtung der Baustelle bis zur Fertigstellung – mit umfangreichen Checklisten für alle Gewerke und zahlreichen Arbeitsvorlagen.

4. Auflage 2012, 264 Seiten, 19,90 €

Gebäude modernisieren – Energie sparen

Mit Wänden, Fenstern, Türen, Dach, Heizungs- und Warmwassertechnik auf dem neuesten Stand kann der Verbrauch von Öl, Gas oder Strom gesenkt werden. Aber welche Maßnahmen sind wirklich sinnvoll? Was wird die Generalüberholung des Hauses kosten? Und wann hat sich die Modernisierung amortisiert? Nehmen Sie Ihr Haus unter die Lupe und investieren Sie gezielt!

4. Auflage 2012, 184 Seiten, 12,90 €

Heizung und Warmwasser

Längst gibt es mit Solarkollektoren, Pelletheizungen, Wärmepumpen und sogar Blockheizwerken gute Alternativen zu Öl- und Gasheizungen. Doch nicht jede Heizungsanlage ist sinnvoll für jedes Haus. Dieser Ratgeber hilft, Kostenbilanz, Energieeffizienz und Abgaswerte der verschiedenen Systeme in Einklang zu bringen. Er liefert darüber hinaus nützliche Hinweise zu den Themen Lüftung und Dämmung. Mit zahlreichen Grafiken und Tabellen sowie hilfreichen Adressen und Links.

13. Auflage 2013, 208 Seiten, 9,90 €

Feuchtigkeit und Schimmelbildung

Schimmelpilze können zu Schäden am Mauerwerk führen, sich negativ auf das Raumklima auswirken und sogar die Gesundheit beeinträchtigen. Und die Feuchtigkeitsprobleme in Wohnungen nehmen seit Jahren immer weiter zu – unter anderem durch eine schlechte Bauausführung bei sanierten älteren Gebäuden. Was Sie tun können, damit Schimmel erst gar nicht entsteht, und mit welchen Mitteln Sie ihm im Fall des Falles den Garaus machen können, erfahren Sie in diesem Ratgeber.

1. Auflage 2016, ca. 180 Seiten, 12,90 €

Jetzt bestellen!
Portofrei ab 20,– € Bestellwert
Telefon: 0211/38 09 555
Internet: www.vz-ratgeber.de